变电站绝缘油色谱分析与评估

国网天津市电力公司电力科学研究院　组编

U0261458

中国电力出版社

CHINA ELECTRIC POWER PRESS

内 容 提 要

　　本书以变电站绝缘油气相色谱分析检测技术和变压器故障诊断为主要内容，分为四章，分别是色谱分析基础理论、油中溶解气体色谱分析技术、充油电气设备油品及设备故障分析与判断以及变压器油在线监测技术。附录主要介绍了变压器常见故障的检查与处理方法。

　　本书可供电力系统工程技术人员和管理人员学习及培训使用，也可作为电力职业院校教学及新入职电力行业员工培训的参考资料。

图书在版编目（CIP）数据

　　变电站绝缘油色谱分析与评估/国网天津市电力公司电力科学研究院组编. —北京：中国电力出版社，2023.2

　　ISBN 978-7-5198-7098-0

　　Ⅰ. ①变… Ⅱ. ①国… Ⅲ. ①液体绝缘材料－气相色谱 Ⅳ. ①TM214

　　中国版本图书馆 CIP 数据核字（2022）第 184130 号

出版发行：中国电力出版社
地　　址：北京市东城区北京站西街 19 号（邮政编码 100005）
网　　址：http://www.cepp.sgcc.com.cn
责任编辑：罗　艳（010-63412315）　杨芸杉
责任校对：黄　蓓　郝军燕
装帧设计：张俊霞
责任印制：石　雷

印　　刷：三河市百盛印装有限公司
版　　次：2023 年 2 月第一版
印　　次：2023 年 2 月北京第一次印刷
开　　本：710 毫米×1000 毫米　16 开本
印　　张：7.5
字　　数：133 千字
印　　数：0001—1000 册
定　　价：40.00 元

《变电站绝缘油色谱分析与评估》
编 写 组

主　　编　陈　涛

副 主 编　方　琼　刘盛终　苏　展　周亚楠

　　　　　孟玉蝉　徐　科

参编人员（按姓氏笔画排序）

　　　　　于　奔　于金山　马伯杨　马晓光

　　　　　王应高　王雪生　甘智勇　卢立秋

　　　　　白　煜　刘广振　刘晓楠　刘鸿芳

　　　　　闫立冬　李　宁　李　谦　李国豪

　　　　　李艳萍　杨　光　连鸿松　张佳成

　　　　　张锡喆　张黎明　郑中原　郑渠岸

　　　　　赵　利　赵　鹏　郝春艳　姜　玲

　　　　　袁　帅　耿　芳　满玉岩　管森森

前　言

气相色谱法因具有高效、灵敏、快速和易于自动化等优点，已成为各种分析检测中常用的分析方法和现代科学研究不可或缺的关键技术手段。在电力行业中，可用气相色谱法检测电力设备用绝缘油中的溶解气体组分含量，进而判断电力设备的故障。

我国已于 20 世纪 60 年代开始对气相色谱法在电力设备绝缘油中溶解气体的检测进行研究，经过几代人的努力，在理论研究、仪器研制、分析实践等方面取得显著成果，气相色谱技术也推广至电力行业的发供电单位和制造、使用充油电气设备的相关行业单位。电力行业均采用统一的分析方法和故障诊断导则，对电力设备中绝缘油中溶解气体进行定期和不定期监测，甚至在线监测和故障诊断，最大限度地保障了电力设备的安全经济运行。

本书围绕变电站绝缘油中溶解气体色谱检测与评估，对色谱分析理论进行了阐述，介绍了进行气相色谱检测分析的绝缘油的取样方法、样品前处理及溶解气体色谱分析方法，对变压器等充油电气设备的常见故障发生的原因、检查、处理和预防进行了综述，并列举了故障实例，为故障诊断和处理提供了有益的经验。同时，对变压器绝缘油在线监测理论及其装置运行维护进行了介绍。

本书理论联系实际，有较高的实用性和可操作性，可供变压器运行维护和管理工作者学习和参考，也可作为变压器色谱分析技术培训的教材或参考资料。

由于编者的水平所限、时间仓促，书中难免有不妥之处，敬请读者不吝批评指正。

编　者

2022 年 12 月

目 录

前言

第一章

色谱分析基础理论

第一节　色谱法基础理论

本节包含色谱法概述、色谱流出曲线、色谱定性定量分析。通过知识讲解，有助于读者掌握色谱分析基本原理、色谱流出曲线，掌握色谱定性、定量分析方法。

一、色谱法的定义与分类

（一）色谱法的定义

固定相：在色谱分离中固定不动，对样品产生保留的一相。

流动相：与固定相处于平衡状态，带动样品向前移动的另一相。

色谱法：色谱法又称色层法或层析法。当两相做相对移动时，利用不同溶质（样品）与固定相和流动相之间的作用力（分配、吸附、离子交换等）的差别，使混合物中各组分在两相间进行分配，由于各组分在性质与结构上的差异，与固定相发生作用的大小、强弱也有差异，因此在同一推动力作用下，不同组分在固定相中的滞留时间有长有短，从而按先后不同的次序从固定相中流出，使各溶质达到相互分离。这种借在两相分配原理而使混合物中各组分获得分离的技术，称为色谱分离技术或色谱法。

（二）色谱法的分类

从不同的角度出发，色谱法有多种分类方法。

（1）根据流动相的状态将色谱法分成四类，见表 1-1。

表 1-1　　　　　　　　　　色谱法按流动相种类的分类

色谱类型	流动相	主要分析对象
气相色谱法	气体	挥发性有机物
液相色谱法	液体	可以溶于水或有机溶剂的各种物质
超临界流体色谱法	超临界流体	各种有机化合物
电色谱法	缓冲溶液、电场	离子和各种有机化合物

（2）按固定相的物态可分为气固色谱法、气液色谱法、液固色谱法和液液色谱法等。

（3）按固定相使用的形式可分为柱色谱法、纸色谱法和薄层色谱法等。

（4）按色谱谱带展开方式分为冲洗（色谱）法、顶替法和迎头法，其中，冲洗法是色谱中最常用的一种。

（5）按分离过程的机制，可分为吸附色谱法、分配色谱法、离子交换色谱法和排阻色谱法。

二、气相色谱分析理论基础

（一）气-固色谱分析的基本原理

在气相色谱分析中，色谱柱有两种，一种是内装固定相的，称为填充柱；另一种是将固定液均匀涂敷在毛细管的内壁的，称为毛细管柱。在填充柱内填充的固定相有两类，即气—固色谱分析中的固定相和气—液色谱分析中的固定相，现以填充柱中的气—固色谱分析中的固定相为例简要说明色谱分析的原理。

气—固色谱分析中的固定相是一种具有多孔性及较大表面积的吸附剂颗粒。试样由载气携带进入柱子时，立即被吸附剂所吸附；载气不断流过吸附剂时，吸附着的被测组分又被洗脱下来，这种洗脱下来的现象称为脱附；脱附的组分随着载气继续前进时，又被前面的吸附剂吸附；随着载气的流动，被测组分在吸附剂表面进行反复的物理吸附、脱附过程。由于被测组分中各个组分的性质不同，它们在吸附剂上的吸附能力就不一样，较难被吸附的组分易被脱附，较快地移向前面；容易被吸附的组分就不易被脱附，向前移动得慢些。经过一段时间，即通过一定量的载气后，试样中的各个组分就彼此分离而先后流出色谱柱。

上述色谱分离过程以 AB 二组分混合物的分离过程为例，如图 1-1 所示。

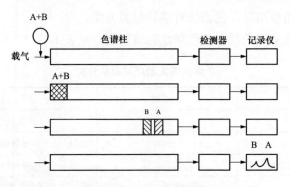

图 1-1　混合物样品在色谱柱中的分离情况

因色谱柱中存在着分子扩散和传质阻力等原因，使得所记录的色谱峰并不是以一条矩形的谱带出现，而是一条接近高斯分布曲线的色谱峰。

（二）表征色谱分配平衡过程的参数

1. 分配系数 K

在一定的温度下，组分在两相间分配达到平衡时的浓度比称为分配系数 K。具有小的分配系数的组分，较早地流出色谱柱；而分配系数大的组分，流出色谱柱的时间较迟。当分配系数足够多时，就能将不同的组分分离开来。由此可见，气相色谱分析的分离原理是基于不同物质在两相间具有不同的分配系数，当两相作携带运动时，试样中的各组分就在两相中进行反复多次的分配，使得原来分配系数只有微小差异的各组分产生很大的分离效果，从而使各组分彼此分离开来。

2. 分配比 k

分配比是实际工作中常用于表征色谱分配平衡过程的参数，分配比又称容量因子或容量比，以 k 表示，是指在一定温度、压力下，在两相间达到分配平衡时，组分在两相间的质量比，见式（1-1）：

$$k = \frac{p}{q} \tag{1-1}$$

式中　p——组分分配在固定相中的质量；

　　　q——组分分配在流定相中的质量。

k 与组分及固定相的热力学性质有关，并随柱温、柱压的变化而变化。k 是衡量色谱柱对组分保留能力的重要参数，k 越大，保留时间越长，k 为 0 的组分，其保留时间即为死时间 t_M。

3. 分配比与分配系数的关系

分配比与分配系数的关系可用式（1-2）表示：

$$K = \frac{C_S}{C_M} = \frac{p/V_S}{q/V_M} = k\frac{V_M}{V_S} = k\beta \tag{1-2}$$

式中　C_S——组分分配在固定相中的浓度；

　　　C_M——组分分配在流动相中的浓度；

　　　V_M——色谱柱中流动相的体积，即柱内固定相颗粒间的空隙体积；

　　　V_S——色谱柱中固定相的体积；

　　　β——相比，即 V_M 与 V_S 之比，反映了各种色谱柱柱型的特点，填充柱 β 为 6～35。

（三）色谱分析的基本理论

试样在色谱柱中分离过程的基本理论包括两个方面：

一是试样中各组分在两相间的分配情况，这与各组分在两相间的分配系数、各物质（包括试样中组分、固定相、流动相）的分子结构和性质有关，各个色谱峰在柱后出现的时间（即保留值）反映各组分在两相间的分配情况，它由色谱过程中的热力学因素所控制。二是各组分在色谱柱中的运动情况，这与各组分在流动相和固定相两相之间的传质阻力有关，各个色谱峰的半峰宽度就反映了各组分在色谱柱中的运动情况，这是一个动力学因素。所以在讨论色谱柱的分离效能时，必须全面考虑这两个因素。

1. 塔板理论

塔板理论中把色谱柱比拟为分馏塔，色谱柱可由许多假象的塔板组成，在每个塔片高度间隔内，当预分离的组分随载气进入色谱柱后，就在两相间进行分配。由于流动相在不停地移动，样品混合物在这些塔板间隔的气液两相间不断地达到分配平衡，最后挥发度大的组分与挥发度小的组分彼此分离，挥发度大的最先由塔顶流出。尽管塔板理论并不完全符合色谱柱内的分离过程，但在解释流出曲线的形状、浓度极大点的位置以及计算柱效能等方面取得了成功。一般可用这个理论中的塔板数与塔板高度来评价色谱柱的效能指标。

（1）流出曲线方程式。由塔板理论得出流出曲线方程式见式（1-3）：

$$C = \frac{C_0}{\sigma\sqrt{2\pi}}e^{-\frac{(t-t_R)^2}{2\sigma^2}} \tag{1-3}$$

式中　C_0——进样浓度；

　　　t_R——保留时间；

　　　σ——标准偏差；

　　　C——时间 t 时的浓度。

（2）理论塔板数 n 和有效塔板数 $n_{有效}$。由塔板理论导出理论塔板数 n 的计算式见式（1-4）；有效塔板数（$n_{有效}$）的计算式见式（1-5）；n 和 $n_{有效}$ 的关系见式（1-6）。

$$n = 5.54\left(\frac{t_R}{Y_{1/2}}\right)^2 = 16\left(\frac{t_R}{Y}\right)^2 \tag{1-4}$$

式中　Y——峰底宽；

　　　$Y_{1/2}$——半峰宽。

$$n_{有效} = 5.54\left(\frac{t'_R}{Y_{1/2}}\right)^2 = 16\left(\frac{t'_R}{Y}\right)^2 \qquad (1\text{-}5)$$

式中 t'_R ——调整保留值。

$$n = \left(\frac{1+k}{k}\right)^2 n_{有效} \qquad (1\text{-}6)$$

式中 k ——分配比。

（3）理论塔板高度（H）和有效塔板高度（$H_{有效}$）。理论塔板高度和有效塔板高度（$H_{有效}$）的计算式分别见式（1-7）和式（1-8）。

$$H = \frac{L}{n} \qquad (1\text{-}7)$$

式中 L ——色谱柱的长度；

　　n ——理论塔板数，在气相色谱中，n 为 $10^3 \sim 10^6$。

$$H_{有效} = \frac{L}{n_{有效}} \qquad (1\text{-}8)$$

色谱柱的塔板数越大，即塔板高度越小，表示组分在色谱柱中达到分配平衡的次数越多，固定相的作用越显著，对分离越有利，柱的分离效能就愈高。

2. 速率理论

速率理论是1956年荷兰学者范第姆特等提出色谱过程的动力学理论,这一理论指出影响柱效率的因素主要是样品组分分子在柱内运动过程中的涡流扩散与纵向扩散，以及组分分子在两相间的传质阻力。这一理论与塔板理论既有一定差别，又可互为补充，它可以说明填充均匀程度、担体粒度、载气种类、载气流速、柱温、固定相液膜厚度等对柱效、峰扩张的影响。运用这一理论对于气相色谱分析条件的选择具有指导意义。

速率理论吸收塔板理论的概念,并把影响塔板高度的动力学因素结合进去，导出塔板高度 H 与载气线速度 u 的关系式，见式（1-9）：

$$H = A + \frac{B}{u} + C_u \qquad (1\text{-}9)$$

式中 A ——涡流扩散项，与填充物的平均颗粒直径的大小和填充的不均匀性有关，使用适当细粒度和颗粒均匀的担体，并尽量填充均匀，是减少涡流扩散，提高柱效的有效途径；

　　B ——分子扩散系数（或称纵向扩散系数），与组分在柱内的保留时间有关，保留时间越长，分子扩散项对色谱峰扩张的影响就越显著，还与组分及载气的性质有关，采用相对分子质量较大的载气（如氮气），可使 B 项降低；

　　C——传质阻力系数，包括气相传质阻力系数 C_g 和液相传质阻力系数 C_l，气相传质阻力与填充物粒度的平方成正比，与组分在载气流的扩散系数成反比，采用粒度小的填充物和分子量小的气体（如氢气）作载气可使 C_g 减少，固定相的液膜厚度薄，组分在液相的扩散系数大，则液相传质阻力小。

三、色谱法的优点和缺点

（一）色谱法的优点

（1）分离效率高。几十种甚至上百种性质类似的化合物可在同一根色谱柱上得到分离，能分析复杂的样品。

（2）分析速度快。一般而言，色谱法可在几分钟至几十分钟的时间内完成一个复杂样品的分析。

（3）检测灵敏度高。随着信号处理和检测器制作技术的进步，不经过预浓缩可以直接检测 10^{-9}g 级的微量物质。如采用预浓缩技术，检测下限可以达到 10^{-12}g 数量级。

（4）样品用量少。一次分析通常只需数纳升至数微升的溶液样品。

（5）选择性好。通过选择合适的分离模式和检测方法，可以只分离或检测需要的部分物质。

（6）多组分同时分析。在很短的时间内（20min 左右），可以实现几十种成分的同时分离与定量。

（7）易于自动化。现在的色谱仪器已经可以实现从进样到数据处理的全自动化操作。

（二）色谱法的缺点

缺点为定性能力较差。为克服这一缺点，已经发展起来了色谱法与其他多种具有定性能力的分析技术的联用。

四、气相色谱流出曲线

试样中各组分经色谱柱分离后，随载气依次流出色谱柱，经检测器转换为电信号，然后用记录装置将各组分的浓度变化记录下来，即得色谱图。这种以组分的浓度变化（信号）作为纵坐标，以流出时间（或相应流出物的体积）作为横坐标，所给出的曲线称为色谱流出曲线。

在一定的实验条件下，色谱流出曲线是色谱分析的主要依据，如图 1-2 所示。其中，色谱峰的位置（即保留时间或保留体积）决定物质组分的性质，是色谱定性的依据；色谱峰的高度或面积是组分浓度或含量的量度，是色谱定量的依据。另外，还可以利用色谱峰的位置及其宽度，对色谱柱的分离能力进行评价。

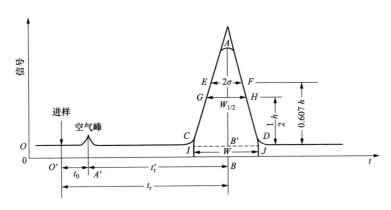

图 1-2 气相色谱流出曲线图

由图 1-2 可见，从进样开始（以此作为零点），随着时间的推移，组分的浓度不断地发生变化。在操作条件下，色谱柱流出组分通过检测系统时所产生的响应信号的曲线为色谱峰，每一个组分在流出曲线上都有一个相对应的色谱峰。

在色谱流出曲线中，*CD* 称为基线，*CGAHD* 为某组分的峰面积（*A*），*AB'* 为峰高（*h*），*GH* 为峰半高宽度简称半峰宽（$Y_{1/2}$），*IJ* 为峰底宽（*Y*）。

（一）基线

基线：当色谱柱没有组分进入检测器时，在实验操作条件下，反映检测器系统噪声随时间变化的线称为基线。稳定的基线是一条直线，见图 1-2 中的 *GH*。

基线漂移：指基线随时间定向的缓慢变化。

基线噪声：指由各种因素所引起的基线起伏。

（二）保留值

表示试样中各组分在色谱柱中的滞留时间的数值，通常采用时间或用将组分带出色谱柱所需载气的体积来表示。保留值是由色谱分离过程中的热力学因素所控制，在一定的固定相和操作条件下，任何一种物质都有一确定的保留值，可用作定性参数。

1. 以时间为保留值

如果保留值用时间表示，即横坐标以时间（*t*）表示。

死时间 t_M：指不被固定相吸附或溶解的气体［如氮气（N_2）］从进样开始到柱后出现浓度最大值时所需的时间，见图 1-2 中的 *OA*。

保留时间 t_R：指被测组分从进样开始到柱后出现浓度最大值时所需的时间，

如图 1-2 中 OB 所示。

调整保留时间 t_R'：指扣除死时间后的保留时间，即 $t_R' = t_R - t_M$，如图 1-2 中的 AB 段所示。

2. 以所需载气的体积为保留值

如果保留值用所需载气的体积表示，即横坐标以体积（V）表示，则色谱峰最高处所对应的体积即 OB 段称为保留体积（以 V_R 表示），相应的 OA 段称为死体积（V_M），AB 段则称为调整保留体积 V_R'，$V_R' = V_R - V_M$。

3. 相对保留值 r_{21}

指某组分 2 的调整保留值与另一组分 1 的调整保留值之比，可由式（1-10）表示：

$$r_{21} = \frac{t_{R(2)}'}{t_{R(1)}'} = \frac{V_{R(1)}'}{V_{R(2)}'} \tag{1-10}$$

相对保留值的优点是只与柱温、固定相性质有关，而与其他操作条件无关，即使柱径、柱长、填充情况及流动相流速有所变化，r_{21} 值仍保持不变，它是色谱定性分析的重要参数。

r_{21} 值可用来表示固定相（色谱柱）的选择性。r_{21} 值越大，两组分的 t_R' 相差越大，分离得越好，$r_{21} = 1$ 时，两组分不能分离。

（三）峰宽度

色谱峰区域宽度是色谱流出曲线中一个重要参数。从色谱分离角度着眼，区域宽度越窄越好。通常用半峰宽度 $Y_{1/2}$ 和峰底宽度 Y 度量色谱峰区域宽度。

 【思考与练习】

（1）什么是色谱法？其分类方法主要有哪几种？

（2）气相色谱法的分离原理是什么？

（3）试绘出一张色谱流出曲线图，并在图上标明保留时间、死时间、调整保留时间、峰高度、峰半高宽度等。

第二节　气相色谱仪

本节主要讲解气相色谱仪的流程和组成。

气相色谱法应用非常广泛，既可用于分析气体试样，又可分析易挥发或可转化为易挥发的液体和固体试样，不仅可以分析有机物，也可以分析部分无机物。一般来说，只要沸点在500℃以下，热稳定性良好，相对分子质量在400以下的物质，原则上都可采用气相色谱法；但对于难挥发和热不稳定的物质，气相色谱法是不适用的。气相色谱仪是实现气相色谱分析法的工具，掌握色谱仪的流程和组成是油务化验人员所必备的基础知识。

一、气相色谱法的流程

载气经过的路径称为气相色谱法的流程。气相色谱法的一般流程如图1-3所示，载气首先进入气路控制系统，试样由进样器注入，由载气携带试样进入色谱柱，将各组分分离，分离后的各个组分依次进入检测器，经检测后放空。检测器所检测到的电信号，送至数据记录与处理系统描绘出各组分的色谱峰，就可以得到色谱图。

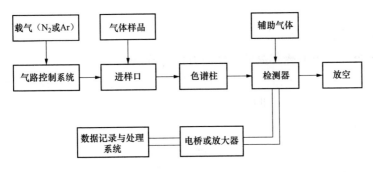

图 1-3 气相色谱法流程图

二、气相色谱仪的组成

气相色谱仪主要包括气路系统、进样系统、色谱柱和柱箱、检测系统、温度控制系统和数据记录与处理系统等，其中色谱柱和检测器是色谱仪的两个关键部分。

（一）气路系统

主要作用是为色谱仪的正常工作提供稳定的载气和有关辅助气等。气路系统的好坏将直接影响仪器的分离效率、稳定性和灵敏度，从而将直接影响定性定量的准确性。

气路系统包括气源、气体控制部件等。

1. 气源

气相色谱仪常用的载气有氮气（N_2）、氦气（He）和氩气（Ar）等；常用的辅助气体是空气和氢气（H_2）等。这些高纯气体大多用高压钢瓶供给，也可采用实验室用的气体发生器供给，如空气发生器、氢气发生器等。各种气源在接入色谱仪前都应加装气体净化器，以除去可能含有的水分、油等杂质。

2. 气路控制部件

气路控制部位件主要有减压阀、稳压阀、针形阀、压力表、流量计以及电磁阀等。

（二）进样系统

主要作用是与各种形式的进样器相配合，使样品快速并定量地送到各类型色谱柱中进行色谱分离。进样系统大体可分成用于填充柱和毛细柱的两大类。进样系统的结构设计、进样时间、进样量及进样重复性都直接影响色谱分离和定量结果。

进样系统包括进样器、气化器等。

1. 进样器

（1）注射器：气体样品进样装置常用医用注射器，常用规格有 1mL、3mL、5mL 注射器。它具有操作灵活，使用方便的特点。

（2）六通阀：是色谱仪上安装的一种常用气体样品进样装置。具有操作简便、重复性好、便于实现进样操作自动化的特点。

2. 气化器

气化器的主要功能是把所注入的液体样品瞬间气化。气体样品使用注射器进样时的进样口也在气化器内。

（三）色谱柱和柱箱

色谱柱是色谱分析工作的关键部分，它的作用就是分离混合物样品中的有关组分。色谱柱主要有填充柱和毛细柱两大类，色谱柱选用得正确与否，将直接影响分离效率、稳定性和检测灵敏度。柱箱就是安装和容纳各种色谱柱的精密控温的恒温箱，是色谱仪的一个重要组成部分，对柱箱的控温有恒温型和可程序升温型，柱箱结构设计得合理与否，将直接影响整机性能。

（四）检测系统

1. 检测器

检测器是气相色谱仪的心脏部件，它的功能就是把随载气流出色谱柱的各种组分进行非电量转换，即将组分的浓度量转变为电信号，方便测量和处理。在气相色谱仪上，可以配置一个检测器，也可以根据需要配置多种检测器，仪器配置何种检测器是根据使用要求来确定的。常用的检测器有热导检测器（thermal conductivity detector，TCD）、氢火焰离子化检测器（flame ionization detector analyzer，FID）、火焰光度检测器（flame photometric detector，FPD）等。检测器的性能直接影响整机仪器的性能，如仪器的稳定性和灵敏度以及应用范围等。

（1）TCD。

1）原理：不同的物质具有不同的热导系数，TCD 是根据载气中混入其他气态的物质时热导率发生变化的原理而制成的。

2）特点：具有结构简单、灵敏度适宜、稳定性较好、线性范围宽的特点，对所有物质都有响应，是气相色谱法应用最广泛的一种检测器。TCD 的最小检测量可达 10^{-8}g，线性范围约为 10^5。

3）构造：热导池由池体和热敏元件构成。热导池用不锈钢制成，有两个大小相同、形状完全对称的孔道，每个孔里固定一根金属丝（如钨丝、铂丝），两根金属丝长短、粗细、电阻值都一样，此金属丝称为热敏元件。热导池体两端有气体进口和出口，参比池仅通过载气气流，从色谱柱出来的组分由载气携带进入测量池。TCD 的构造如图 1-4 所示。

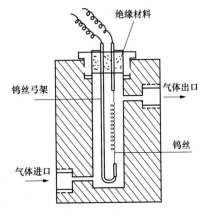

图 1-4 TCD 的构造

TCD 的检测过程如下：

在通入恒定的工作电流和恒定的载气流量时，敏感元件的发热量和载气所带走的热量也保持恒定，敏感元件的温度恒定，其电阻值保持不变，从而使电桥保持平衡，此时则无信号发生；当被测物质与载气一起进入热导池测量臂时，由于混合气体的热导系数与纯载气不同，因而带走的热量也就不同，使得敏感元件的温度发生改变，其电阻值也随之改变，使电桥产生不平衡电位，就有信号输出。载气中被测组分的浓度越大，敏感元件的电阻值改变越显著，因此，检测器所产生的响应信号，在一定条件下与载气中组分的浓度存在定量关系。

（2）FID。

1）原理：FID 是根据气相色谱流出物中可燃性有机物在氢-氧火焰中发生电离的原理而制成的。

2）特点：具有灵敏度高、死体积小、响应时间快、线性范围广等优点，它对大多数有机化合物有很高的灵敏度，一般比 TCD 高几个数量级，主要用于含碳有机化合物的分析。FID 最小检测量可达 10^{-12}g，线性范围约为 10^7。

3）构造：FID 主要部分是离子室，在离子室内设有喷嘴、发射极和收集极等三个主要部件。离子室一般用不锈钢制成，包括气体入口，火焰喷嘴，一对

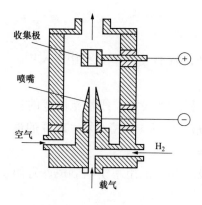

收集极

喷嘴

空气

H_2

载气

图 1-5　FID 构造示意图

电极和外罩，如图 1-5 所示。

FID 的检测过程如下：

燃烧用的氢气（H_2）与柱出口流出物混合经喷嘴一起喷出，在喷嘴上燃烧，助燃用的空气由离子室下部进入，均匀分布于火焰周围。由于在火焰附近存在着由收集极和发射极间所造成的静电场，当被测样品分子进入氢火焰时，燃烧过程中生成的离子，在电场作用下作定向移动而形成离子流，通过高电阻取出，经微电流放大器放大，然后将信号送至数据记录与处理系统。

（3）FPD。FPD 是对含磷、含硫的化合物有选择性和高灵敏度的一种色谱检测器。这种检测器主要由火焰喷嘴、滤光片、光电倍增管三部分组成，见图 1-6。

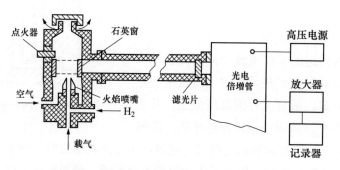

点火器　石英窗　高压电源

空气　火焰喷嘴　滤光片　光电倍增管　放大器

H_2

载气　记录器

图 1-6　火焰光度检测器 FPD 构造示意图

当含有硫（或磷）的试样进入氢焰离子室，在富氢-空气焰中燃烧时，有下述反应：

$$RS + 空气 + O_2 \longrightarrow SO_2 + CO_2$$

$$2SO_2 + CO_2 \longrightarrow 2S + 4H_2O$$

有机硫化物首先被氧化成 S 原子，S 原子在适当的温度下生成激发态的 S_2^* 分子，当其跃迁回基态时，发射出 350～430nm 的特征分子光谱。

$$S + S \longrightarrow S_2^*$$

$$S_2^* \longrightarrow S_2 + hv$$

含磷试样主要发射出 526nm 波长的特征光。这些发射光通过滤光片而照射到光电倍增管上，将光转变为光电流，经放大后在记录器上记录下硫或磷化合物的色谱图。只有含碳有机物，在氢焰高温下进行电离而产生微电流，经收集极收集，放大后可同时记录下来。因此 FPD、FID 联用可以同时测定硫、磷和含碳有机物。

2. 检测电路

每一种检测器都必须对应配套连接一个检测器电路，如最常用的氢焰离子化检测器，就必须配置一个微电流放大器，TCD 就必须配置一个使热导池测量电桥工作所需的恒流源。

（五）温度控制系统

温度是气相色谱技术中十分重要的参数，进样系统需要温度控制，色谱柱和检测器也必须温控，有些特殊使用中，气路系统、催化转化炉、气体净化器等也需要温控。所以，一般在气相色谱仪中，至少有三路温度控制。温度控制中一般用铂电阻作为感温元件，加热元件中柱箱一般采用电炉丝，进样系统、检测器中采用内热式加热器，加热电流控制的执行元件都采用可控硅元件或固态继电器。对仪器中各部分温度控制的好坏（指温控精度和稳定性）会直接影响各组分分离效果、基线稳定性和检测灵敏度等性能。

（六）数据记录与处理系统

气相色谱检测器将样品组分转换成电信号后，需要在检测电路输出端连接一个对输出信号进行记录和数据处理的装置，随着计算机技术的普及应用，采用专用的色谱数据采集卡（可与色谱仪直接联用），再配置一套相应的软件就成为色谱分析工作站。此系统可将色谱信号进行收集、转换、数字运算、存储、传输以及显示、绘图、直接给出被分析物质成分的含量并打印出最后结果；数据记录与处理系统一般是与色谱仪分开设计的独立系统，可由使用者任意选配，但在使用上，是整套色谱仪器不可分割的重要组成部分，这部分工作的好坏将直接影响定量精度。

第三节 分 析 条 件 选 择

本节包含载气的选择、色谱柱的选择、色谱流程的选择、工作温度的选择、进样技术的选择、工作站参数的选择等知识讲解，有助于读者掌握气相色谱分析条件的选择。

一、色谱分离基础知识

（一）分离度 R

一个混合物能否为色谱柱所分离，主要取决于固定相与混合物中各组分分子间的相互作用的能力是否有区别，其次是在色谱分离过程中各种操作因素的选择是否合适。因此，在色谱分析中，不但要根据所分离的对象选择适当的固定相，使其中各组分有可能被分离，而且还要选择适当的分析条件，达到较满意的分离效果。

为判断相邻两组分在色谱柱中的分离情况，常用分离度 R 作为色谱柱的总分离效能指标。其定义为相邻两组分色谱峰保留值之差与两个组分色谱峰峰底宽度总和之半的比值，用式（1-11）表示。

$$R = \frac{t_{R(2)} - t_{R(1)}}{\frac{1}{2}(Y_1 + Y_2)} \qquad (1\text{-}11)$$

式中　$t_{R(2)}$、$t_{R(1)}$——两组分的保留时间（也可采用调整保留时间）；

　　　Y_1、Y_2　——相应组分的色谱峰的峰底宽度，与保留值用同样的单位。

R 是柱效能、选择性影响的总和，R 越大，表明相邻两组分分离得越好。若峰形对称且满足于正态分布，则当 $R = 1$ 时，分离程度可达 98%；当 $R = 1.5$ 时，分离程度可达 99.7%；因而可用 $R = 1.5$ 来作为相邻两峰已完全分开的标志。

当两组分的色谱峰分离较差，峰底宽度难于测量时，可用半峰宽代替峰底宽度，并用式（1-12）表示分离度。

$$R' = \frac{t_{R(2)} - t_{R(1)}}{\frac{1}{2}\left(Y_{\frac{1}{2}(1)} + Y_{\frac{1}{2}(2)}\right)} \qquad (1\text{-}12)$$

式中　$Y_{\frac{1}{2}(1)}$、$Y_{\frac{1}{2}(2)}$——相应组分的色谱峰的半峰宽。

$R = 0.59R'$，应用时要注意所采用分离度的计算方法。

（二）色谱分离基本法方程式

1. 色谱分离基本方程式

色谱分离基本方程式可以反映分离度与柱效、容量因子、选择因子的关系，用式（1-13）和式（1-14）表示。

$$\underline{R} = \frac{1}{4}\sqrt{n}\left(\frac{\alpha - 1}{\alpha}\right)\left(\frac{k}{1 + k}\right) \qquad (1\text{-}13)$$

式中　n——塔板数；

　　　α——选择因子；

　　　k——分配比。

$$R = \frac{1}{4}\sqrt{n_{有效}}\left(\frac{\alpha - 1}{\alpha}\right) \tag{1-14}$$

式中　$n_{有效}$——有效理论塔板数。

2. 影响分离度的因素

（1）分离度 R 与柱效 n 的关系。增加柱长可改进分离度，但会使各组分的保留时间增长，延长了分析时间并使峰产生扩展，因此在达到一定的分离条件下应使用短一些的色谱柱。除增加柱长外，增加 n 的另一方法是制备柱能优良的柱子，并在最优化条件下进行操作。

（2）分离度 R 与容量比 k 的关系。k 大一些对分离有利，但并非越大越有利。观察表 1-2 的数据，可见 k 的最佳范围是 $1 < k < 10$，在此范围内，既可得到大的 R，也可使分析时间不至过长。

表 1-2　　　　　　　　　　k 对 $k/1+k$ 的影响

k	0.5	1.0	3.0	5.0	8.0	10	30	50
$k/1+k$	0.33	0.50	0.75	0.83	0.89	0.91	0.97	0.98

（3）改变柱温和改变相比可以使 k 改变。改变柱温会影响分配系数而使 k 改变，改变相比包括改变固定相量 V_S 及柱的死体积 V_M，若使用死体积大的柱子，分离度会明显降低，因此应采用细颗粒固定相，填充紧密而均匀的柱子，使柱死体积降低，以提高分离度。

（4）分离度 R 与柱选择性 α 的关系。α 是柱选择性的量度，α 越大，柱选择性越好，分离效果越好，增大 α 是提高分离度的有效办法，简便而有效的方法是改变固定相，使各组分的分配系数有较大的差别。

（5）分离度 R、柱效 n 和选择性 α 的关系。分离度、柱效和选择性参数的关系可用式（1-15）表示：

$$L = 16R^2\left(\frac{\alpha}{\alpha - 1}\right)^2 H_{有效} \tag{1-15}$$

式中　L——色谱柱的长度；

$H_{有效}$——有效理论塔板高度，一般为 0.1cm。

因而只要已知两个指标，就可估算出第三个指标。

假设有一物质对，其 $\alpha = 1.25$，要在填充柱上得到完全分离（$R = 1.5$），所需有效理论塔板数为：

$$n_{有效} = 16 \times 1.5^2 \times \left(\frac{1.25}{1.25 - 1}\right)^2 = 900 \tag{1-16}$$

若用普通柱，一般的有效理论塔板高度为 0.1cm，所需柱长度应为：$L = 900 \times 0.1 = 0.9$m。

二、分离条件的选择

（一）载气的选择

1. 载气的种类

根据塔板高度 H 与载气的关系式（1-9）可知：当流速较小时，应采用相对分子质量较大的载气 [氮气（N_2），氩气（Ar）]，使组分在载气中有较小的扩散系数，可获得较高的柱效率；而当流速较大时，如在快速分析中，宜采用相对分子质量较小的载气 [氢气（H_2）、氦气（He）]，此时组分在载气中有较大的扩散系数，可减小气相传质阻力，提高柱效，给操作带来方便。

选择载气时还应考虑不同检测器的适应性。例如，对于 TCD，载气与试样的热导系数相差越大，则灵敏度越高。由于一般物质的热导系数都比较小，故选择热导系数大的气体 [例如氢气（H_2）或氦气（He）] 作载气，灵敏度就比较高。另外，载气的热导系数大，在相同的桥路电流下，热丝温度较低，桥路电流就可升高，从而使热导池的灵敏度大为提高，因此通常采用氢作载气；而对于 FID，一般用氮气（N_2）作载气。

2. 载气流速的选择

从理论上讲，要获得最好的柱效率，使塔板高度 H 最小，需选择一个最佳的流速。这个最佳流速与载气种类、色谱柱、组分性质等条件有关。在最佳流速下虽然柱效率比较高，但往往分析时间较长。在实际分析工作中，为了加快分析速度，使用的流速往往比最佳流速值大。例如，对于内径为 3～4mm 的柱子，载气常用流速为 20～80mL/min。

最佳流速可通过实验用作图法求出，根据塔板高度 H 与载气线速度的关系式（1-9），用在不同流速下测得的塔板高度 H 对流速 u 作图，得到 H-u 曲线图，如图 1-7 所示。在曲线的最低点，塔板高度最小（$H_{最小}$）见式（1-7），此时柱效最高，该点所对应的流速即为最佳流速 $u_{最佳}$。

$$H_{最小} = A + 2\sqrt{BC} \qquad (1-17)$$

对于填充柱，氮气（N_2）的最佳实用线速 10～12cm/s；氢气（H_2）为 15～20cm/s。通常载气的流速习惯上用柱前的体积流速（mL/min）来表示，若色谱柱内径为 3mm，氮气（N_2）的流速一般为 40～60mL/min，氢气（H_2）的流速一般为 60～90mL/min。

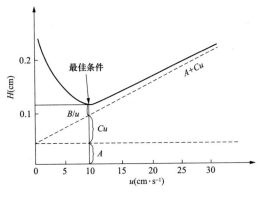

图 1-7　H-u 曲线图

3. 载气压力的选择

从理论上分析，提高载气在色谱柱内的平均压力可提高柱效率。然而，若仅提高柱进口压力，势必使柱压降过大，反而会造成柱效率下降。因此，要维持较高的柱平均压力，主要是提高出口压力，一般在柱出口处加装阻力装置即可达到此目的。例如，长度在 4m 以下，管径为 3～4mm 的柱，柱前载气压力一般控制在 0.3MPa 以下，而柱出口压力最好能大于大气压。

（二）色谱柱的选择

1. 常用固定相的选择

在气相色谱分析中，某一多组分混合物中各组分能否完全分离开，主要取决于色谱柱的效能和选择性，后者在很大程度上取决于固定相选择得是否适当，因此选择适当的固定相就成为色谱分析中的关键问题。

（1）固定相的选择。采用吸附剂作固定相，由于其对气体的吸附性能常有差别，往往可取得满意的分离效果。常用的有非极性的活性炭、弱极性的氧化铝，强极性的硅胶等。它们对各种气体吸附能力的强弱不同，因而可根据分析对象选用，常用的几种吸附剂及其性能详见表 1-3。

表 1-3　　　　　　　　常用的吸附剂及其性能

吸附剂	主要化学成分/性质	适合粒度（目）	柱长（m）	分离特征	型号
分子筛	x（MO）·y（Al$_2$O$_3$）·z（SiO$_2$）·n H$_2$O/极性	30～60	1～2	用于永久性气体和惰性气体的分离，如 H$_2$、O$_2$、N$_2$（CH$_4$、CO）	常用的只有 5A 和 13X 二种。5A 分子筛主要用于分析 H$_2$、O$_2$、N$_2$；13X 分子筛可用于分析 O$_2$、N$_2$、CH$_4$、CO
硅胶	SiO$_2$·xH$_2$O/氢键型	60～80 80～100	2	分离永久性气体（CO、CO$_2$）和低分子量烃类气体（C$_1$～C$_3$）	色谱用

续表

吸附剂	主要化学成分/性质	适合粒度（目）	柱长（m）	分离特征	型号
活性炭	C/非极性，炭素吸附剂	40～60 60～80	0.7～11	CO、CO_2（Air、H_2） H_2、O_2、CO、CO_2等气体。 活性炭分离CO_2时，常出现拖尾现象，可使用减尾剂改善峰形	色谱用
碳分子筛	聚偏氯乙烯/非极性，炭素吸附剂	60～80	0.5～1	分离永久性气体及低沸点烃类，如 H_2、O_2、CO、CO_2等气体；它在高温下（150℃以上）还可用于分离 C_2烃类气体。其分离性能比活性炭好	国产型号有 TDX 系列如 TDX−01、TDX−02，国外产品主要型号为 Carbosieve B
高分子多孔小球	不同芳香烃高分子聚合物合成	60～80 80～100	43	它较固体吸附剂具有机械强度好、疏水性强、出峰峰形对称、耐腐蚀、耐高温等优点。对于永久性气体和气态烃 C_1～C_2 的分离	国外产品主要型号有 Chromosorb 系列和 Porapak 系列如 Porapak N、Porapak Q 等型号；国产主要型号有 GDX 系列如选用 GDX−502、GDX−104 等
混合固定相				C_1～C_3 气态烃，比使用单一固定相有较好的分离效果	采用 Porapak N:PorapakK=4:1 配比的混合柱；Porapak T 与活性氧化铝混合柱；Porapak N 与 Porapak R 按1:3 串联柱；用 GDX−104 与 GDX−502 的串联柱

（2）固定相粒度范围的选择。固定相的表面结构、孔径大小与粒度分布，对柱效率都有一定影响，对已选定的固定相，粒度的均匀性尤为重要，例如对同一固定相，40/60 目的粒度范围要比 30/60 目的柱效率高。通常，柱管内径为 2mm 时，选用粒度为 80/100 目；柱管内径为 3～4mm 时，选用 60/80 目；而柱管内径为 5～6mm 时，选用 40/60 目为宜。

2. 柱子的选择

从理论上分析，选用内径较小的柱管和柱管内径和曲率半径都较均匀的柱子，可获得较高的柱效率。然而，柱管内径过小，充填填料困难而且压降过大，给操作带来不便，故常用的柱管内径多为 2～4mm。就柱形而言，柱效率的顺序为：直形管＞U 形管＞盘形管。为了缩小仪器体积，实际采用的多为盘形管，为了获得较好的柱效率，制备和安装这种色谱柱时应尽量减少不必要的弯曲。

3. 柱温的选择

柱温是一个重要的操作变数，直接影响分离效能和分析速度。柱温选择的原则是：在使最难分离的组分尽可能好地分离的前提下，尽可能采取较低的柱温，但以保留时间适宜，峰形不脱尾为度。具体操作条件的选择应根据不同的实际情况而定。

实际上，柱温选择主要取决于样品性质。对于高沸点混合物（300～400℃），希望在较低的柱温下（低于其沸点100～200℃）分析；对于沸点不太高的混合物（200～300℃），可在中等柱温下操作，柱温比其平均沸点低100℃；对于沸点在100～200℃的混合物，柱温可选择在其平均沸点2/3左右；对于气体、气态烃等低沸点混合物，柱温选在其沸点或沸点以上，柱温一般控制在50～60℃以下。

此外，柱温还与固定相性质、固定相用量、载气流速等因素有关。如果固定相已选定，适当减少固定相用量和加大载气流速等措施，则可达到降低选用柱温的目的。

三、工作温度的选择

（一）气化温度

进样后要有足够的气化温度，使液体试样迅速气化后被载气带入柱中。在保证试样不分解的情况下，适当提高气化温度对分离及定量有利，尤其当进样量大时更是如此。一般气化温度比柱温高30～70℃。

（二）转化器温度

甲烷化装置又称转化炉。其作用是将一氧化碳（CO）、二氧化碳（CO_2）转化为甲烷（CH_4），以便用 FID 测定。转化机理是用镍触媒剂的催化作用在高温下加氢，使一氧化碳（CO）、二氧化碳（CO_2）转化为甲烷（CH_4）。为使这一转化反应完全，在转化过程中必须有过量的氢气（H_2），反应温度必须高于300℃，最佳温度为350～360℃。

四、色谱流程的选择

常用的变压器油色谱分析流程见表1-4，使用者可根据需要选择。

五、进样技术的选择

进样量、进样时间和进样装置都会对柱效率有一定影响。

（一）进样量

进样量太大会增大峰宽，会使几个峰叠在一起，分离不好，降低柱效率甚至影响定量计算；但进样量太少，又会使含量少的组分因检测器灵敏度不够而不出峰。最大允许的进样量应控制在峰面积或峰高与进样量呈线性关系的范围内。对于气体样品，一般进样量为 0.1～10mL。

表 1-4 常用的变压器油色谱分析流程

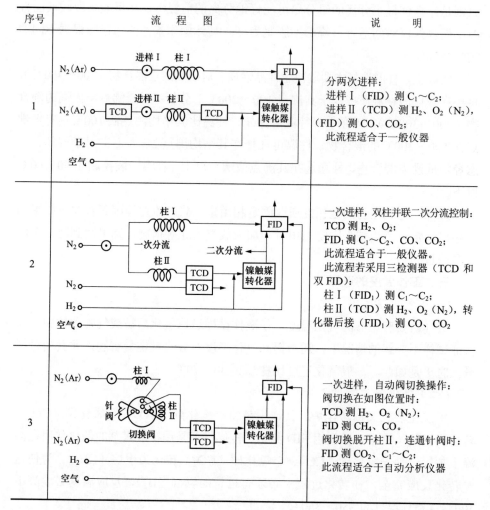

序号	流 程 图	说 明
1		分两次进样： 进样 I（FID）测 C_1～C_2； 进样 II（TCD）测 H_2、O_2（N_2）， （FID）测 CO、CO_2； 此流程适合于一般仪器
2		一次进样，双柱并联二次分流控制： TCD 测 H_2、O_2； FID_1 测 C_1～C_2、CO、CO_2； 此流程适合于一般仪器。 此流程若采用三检测器（TCD 和双 FID）： 柱 I（FID_1）测 C_1～C_2； 柱 II（TCD）测 H_2、O_2（N_2），转化器后接（FID_1）测 CO、CO_2
3		一次进样，自动阀切换操作： 阀切换在如图位置时： TCD 测 H_2、O_2（N_2）； FID 测 CH_4、CO。 阀切换脱开柱 II，连通针阀时： FID 测 CO_2、C_1～C_2； 此流程适合于自动分析仪器

（二）进样时间

若进样时间过长，试样原始宽度变大，半峰宽必将变宽，甚至使峰变形，会降低柱效率。进样时间越短越好，一般进样速度必须很快，用注射器或进样阀进样时，进样时间都在 1s 以内。

（三）进样装置

进样装置不同，出峰形状重复性也有差别。进样口死体积大，也对柱效率不利。进样口应设计合理，死体积小。采用注射器进样时，应特别注意气密性与进样量的准确性。

六、工作站参数的选择

（一）峰处理参数的选择和设置

峰处理参数主要包括峰宽、斜率、漂移、最小面积、变参时间、停止时间。峰处理参数是影响数据处理结果的主要因素。对参数定义的理解和设置是正确使用色谱数据工作站的关键。

（1）峰宽：是峰处理中最重要的参数，峰处理程序根据此值，推测在分析过程中出现的峰形状，采用最适合于该峰的条件进行处理。峰宽设定与实际分析的半峰宽之间差异越小，分析所得结果就越精确；否则就不能充分发挥处理程序的效能。设定峰宽这个参数应尽可能地符合于实际分析的半峰宽值，其方法是把实际谱图中宽度最窄的峰的半高峰宽或略小一些的值，作为峰宽设定值，单位为 s。

（2）斜率：斜率也称为峰检测灵敏度。当分析谱图中的波形起伏的斜率大于此值，峰处理程序认作为出锋；反之，小于此值，则认作为基线的正常波动。斜率是峰处理参数中极为重要的一个参数，单位为 mV/min。

（3）漂移：漂移也就是基线变动的大小。此值可以设置为 0 或非 0 的整数。漂移设置为 0 时，自动修正基线；漂移设置为非 0 时，即以此值作基线修正。

（4）最小面积：上述三个参数设定后，仍不能删去一些不相关的小峰，可以用设定适当的最小面积值来删除，处理结果中峰面积小于该值的峰将被删去，不参加以后的定量计算。以峰面积来定量时，此值为最小峰面积值，单位为 mV·s；以峰高来定量时，此值为最小峰高，单位为 mV。

（5）变参时间：将变参时间（单位为 min）设定为 0 以外的数值时，自这个时间以后，把峰宽自动地变为 2 倍，把峰的灵敏度自动地减小为原值的二分之一。

（6）停止时间：用作自动停止分析的参数，用户可以不按停止钮，按预先设定的停止时间来中止色谱数据的采集。

（二）峰切割

峰切割标记共有三个：峰起始标记、峰结束标记、基线标记，如图 1-8 所示，可以运用峰切割标记对，峰基线调整。

（三）峰鉴定表中各项参数的选择和设置

峰鉴定表中各项参数的选择和设置，见表 1-5。

（四）时间程序中各参数的选择和设置

时间程序中的每一行由三个参数组成：作用时间、命令、命令值，见表 1-6，时间程序中的命令详见表 1-7。

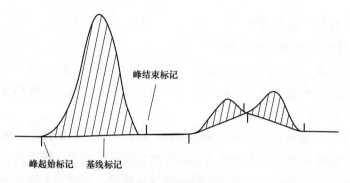

峰结束标记

峰起始标记　基线标记

图 1-8　峰切割标记

表 1-5　　　　　　　　　　　　　峰鉴定表中的各项参数

参数单位	说　　明
窗宽（%）	对于全部峰保留时间的容限均以一个百分数来表示
ID 号	即识别的峰号，ID 号不一定非要按出峰次序来编号
峰标记	在有内标峰（或基准峰）时，一定将其做标记 1s
保留时间	为识别峰而使用的标准保留时间
组分名	可输入中文也可输入英文
校准系数	可根据峰高或面积和浓度自动计算也可手动输入
标样浓度	手动输入

表 1-6　　　　　　　　　　　　　时间程序中参数及其说明

参　　数	说　　明
作用时间	命令（控制对象）起作用的时间，以 0.01min 为计量单位
命令	共有 10 个命令，这些命令可以改变峰处理参数，或者强制干扰正常峰处理，用作一些特殊要求的峰形处理
命令值	10 个命令各有各的命令值范围和含义，相互对应

表 1-7　　　　　　　　　　　　　时间程序中的命令

序号	命令	命令取值	说　　明
1	峰宽	正整数	改变峰宽值。在时间程序中改变峰宽值时，文档中的参数设定值不变
2	斜率	整数	改变斜率值。在时间程序中改变斜率值时，文档中的参数设定值不变
3	漂移	整数	改变漂移值
4	最小面积	正整数	改变最小面积值
5	变参时间	正整数	改变变参时间值，同时也改变峰宽和斜率的值

续表

序号	命令	命令取值	说　明
6	无需峰削除	ON、OFF	ON 时开始削除无需峰，OFF 时解除
7	基线锁定	ON、OFF	在 ON、OFF 区域内的负峰均被消除
8	负峰翻转	ON、OFF	在 ON、OFF 区域内的负峰均被翻转过来
9	水平基线	ON、OFF	峰顶在 ON、OFF 区域内的峰按水平基线计算
10	拖尾峰处理	ON、OFF、AUTO	ON 时开始强迫拖尾峰处理过程，OFF 时解除强迫拖尾峰处理，AUTO 时返回自动处理

注　1. 时间程序中改变的峰处理参数，并不影响先前参数文档中的各个峰处理参数值，它们只在分析进程中起作用。

　　2. 所有具有 ON/OFF 特征的命令，必须 ON/OFF 成对出现，且 ON 在先、OFF 在后。

　　3. 相互矛盾的命令不要嵌套或交叉使用，峰处理程序自矛盾出现时，以时间在先的命令为准。

（五）拖尾峰处理

色谱数据工作站可自动判断拖尾峰，也可作强制拖尾处理和强制非拖尾处理。

1. 自动拖尾处理

在 2 个以上的峰相重叠时，需要判定是拖尾峰还是重叠峰。若是拖尾峰，则刮取其拖尾上存在着小峰而计算面积；若是重叠峰，则将其垂直分割计算面积。峰处理程序是通过对 2 个峰高的比、谷高度的比及分离状态等进行综合判断，如图 1-9 所示，处理拖尾上的峰。图 1-9 中，A 是拖尾主峰，B 是一组拖尾上重叠峰中的第二个峰，C 与 D 是拖尾上的小峰，它们的面积是通过作各小峰的起止点连线而从主峰上"刮取"下来的。

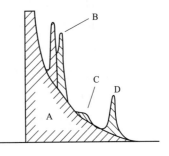

图 1-9　峰处理程序

2. 强制拖尾峰处理

色谱数据工作站可以根据用户需要在某段时间内强制重叠峰作拖尾处理。拖尾处理的设定在时间程序设置中。

3. 强制非拖尾峰处理

可以根据用户需要在某段时间内强制任何本可作拖尾处理的重叠峰作为普通重叠峰处理。

第四节 定 性 与 定 量

一、定性分析

气相色谱的优点是能对多种组分的混合物进行分离分析，但因能用于色谱分析的物质很多，不同组分在同一固定相上色谱峰出现时间可能相同，仅凭色谱峰对未知物定性有一定困难。单独用气相色谱法定性，只能对已知混合物进行定性；对于未知物，就必须与化学分析和其他仪器分析相结合，才能进行定性。

气相色谱定性分析就是鉴别所分离出来的色谱峰各代表何种物质。在气相色谱法的定性方法中，主要是利用保留参数定性，这一方法又包括已知物对照法、相对保留值法、保留指数法等。

（一）已知物对照法

各种组分在给定的色谱柱上都有确定的保留值，可以作为定性指标，即通过比较已知纯物质和未知组分的保留值定性。如待测组分的保留值与在相同色谱条件下测得的已知纯物质的保留值相同，则可以初步认为它们是属同一种物质。由于两种组分在同一色谱柱上可能有相同的保留值，只用一根色谱柱定性，结果不可靠。可采用另一根极性不同的色谱柱进行定性，比较未知组分和已知纯物质在两根色谱柱上的保留值，如果都具有相同的保留值，即可认为未知组分与已知纯物质为同一种物质。

利用纯物质对照定性，首先要对试样的组分有初步了解，预先准备用于对照的已知纯物质（标准对照品）。该方法简便，是气相色谱最常用的定性方法。

（二）相对保留值法

为了减少由于操作参数波动而给定性分析所造成的影响，可选定一基准物按规定的色谱条件进行测试，而后分别计算基准物质各组分及混合物各组分色谱峰的相对保留值（r_{is}），比较对应的 r_{is}，其值相同者则为同一物质，从而对于待测组分进行定性。

相对保留值（r_{is}）是某一组分（i）与基准物质（s）校正保留值之比，见式（1-10），一般选用易于得到的纯品，而且与被分析组分的保留值相近的物质作基准物。

（三）保留指数法

保留指数又称科瓦茨（Kovats）指数，与其他保留数据相比，是一种重现性较好的定性参数，可根据所用固定相和柱温直接与文献值对照而不需标准样品。

保留指数（I）是把物质的保留值用两个紧靠近它的标准物（一般是两个正构烷烃）来标定，并以均一标度来表示，某物质的保留指数可由式（1-18）计算：

$$I = 100 \left[Z + \frac{\lg X_{Ni} - \lg_{NZ}}{\lg X_{N(Z+1)} - \lg X_{NZ}} \right] \tag{1-18}$$

式中　X_N——保留值，可以用调整保留时间或调整保留体积表示；

　　　i——被测物质；

Z、$Z+1$——代表具有 Z 个和 $Z+1$ 个碳原子数的正构烷烃。

被测物质的 X_N 应恰在这两个正构烷烃 X_N 之间，即 $X_{NZ} < X_{Ni} < X_{N(Z+1)}$。正构烷烃的保留指数则人为地定为它的碳数乘以 100，规定正己烷、正庚烷及正辛烷等的保留指数分别为 600、700、800，其他类推。

因此，欲求某物质的保留指数，只要与相邻的正构烷烃混合在一起，将选定的标准和待测组分混合后，在给定条件下进行色谱试验，由式（1-18）计算出待测组分 X 的保留指数 I，再与文献值对照，即可定性。

（四）联用技术

气相色谱对多组分复杂混合物的分离效率很高，但定性却很困难。而质谱、红外光谱和核磁共振等是鉴别未知物的有力工具，但要求所分析的试样组分很纯。因此，将气相色谱与质谱、红外光谱、核磁共振谱联用，复杂的混合物先经气相色谱分离成单一组分后，再利用质谱仪、红外光谱仪或核磁共振谱仪进行定性。未知物经色谱分离后，质谱可以很快地给出未知组分的相对分子质量，提供是否含有某些元素或基团的信息。红外光谱也可很快得到未知组分所含各类基团的信息，对结构鉴定提供可靠的依据。近年来，计算机技术的应用大大促进了气相色谱法与其他方法联用技术的发展。

二、定量分析

气相色谱定量分析的任务就是要求出混合物中各组分的含量。在一定的色谱操作条件下，流入检测器的待测组分 i 的含量 m_i（质量或浓度）与检测器的响应信号（峰面积 A 或峰高 h）成正比，见式（1-19）和式（1-20）：

$$m_i = f_i^A A_i \tag{1-19}$$

$$m_i = f_i^h h_i \tag{1-20}$$

式中　f_i^A、f_i^h——比例系数，在定量分析中称为定量校正因子。

此两式是色谱定量分析的理论依据，可见要准确进行定量分析，必须准确地测量响应信号，准确求出定量校正因子 f_i。

（一）峰面积测量法

测量响应信号（主要是峰面积）的直接关系到定量分析的准确度，常用峰面积测量方法有以下几种。

1. 峰高乘半峰宽法

可用式（1-21）表示，当色谱峰为对称峰且半峰宽较宽时可采用此法，如图 1-10 所示。

$$A_a = hY_{1/2} \tag{1-21}$$

2. 峰高乘保留值法

可用式（1-22）表示，适用于半峰宽很窄的同系物峰面积的测量，如图 1-11 所示。

$$A_Q = h \cdot t_R \tag{1-22}$$

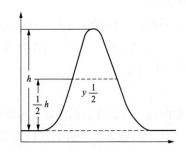

图 1-10　峰高乘半峰宽计算峰面积

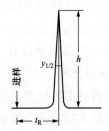

图 1-11　峰高乘保留值法计算峰面积

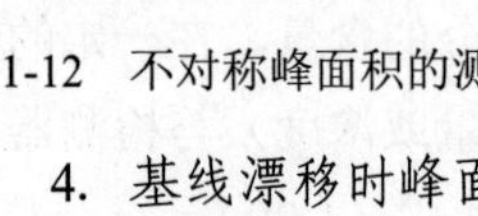

3. 峰高乘平均峰宽法

可用式（1-23）表示，适用于不对称峰面积的测量，如图 1-12 所示。

$$A_R = \frac{h}{2}(Y_{0.15} + Y_{0.85}) \tag{1-23}$$

图 1-12　不对称峰面积的测量

式中　$Y_{0.15}$——0.15 峰高处所对应的峰宽；

$Y_{0.85}$——0.85 峰高处所对应的峰宽。

4. 基线漂移时峰面积的测量

基线漂移时，一般从峰顶作漂移基线之垂线得其峰高（如图 1-13 中的 AB），然后根据峰形的对称性选用前述适当的方法近似计算该漂移线上色谱峰的峰面积。

5. 重迭峰峰面积的测量

如果相邻两色谱峰的分离度大于 0.5，通常可直接用峰高乘半峰宽等方法近似计算其峰面积。如果分离度小于 0.5 时，作二重迭峰的对称峰边后，再按峰高乘半峰宽等方法近似计算其峰面积如图 1-14 所示。

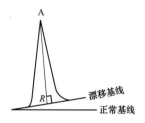

图 1-13　基线漂移时峰面积的测量

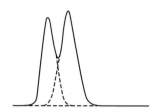

图 1-14　未全分离色谱峰面积的测量

6. 自动积分法

具有微处理机（工作站、数据站等），能自动测量色谱峰面积，对不同形状的色谱峰可以采用相应的计算程序自动计算，得出准确的结果，并由打印机打出保留时间和 A 或 h 等数据。

（二）定量校正因子

色谱定量分析是基于被测物质的量与其峰面积的正比关系，但是由于同一检测器对不同的物质的具有不同的响应值，所以两个相等量的物质通过色谱定量所出的峰面积往往不相等，为了使检测器产生的响应信号能真实地反映出待测组分的含量，就要对响应值进行校正，引入定量校正因子。

1. 绝对校正因子

绝对校正因子是单位峰面积（峰高）所代表的物质量，用 f_i^A 和 f_i^h 表示，它的定义可用式（1-24）和式（1-25）表示。

$$f_i^A = \frac{m_i}{A_i} \tag{1-24}$$

$$f_i^h = \frac{m_i}{h_i} \tag{1-25}$$

式中　f_i^A——组分 i 的峰面积；

　　　f_i^h——组分 i 的峰高绝对校正因子；

　　　A_i——分别为组分 i 的峰面积；

　　　h_i——组分 i 的峰高；

　　　m_i——组分 i 通过检测器的量，可用克、摩尔或体积单位表示。

校正因子与检测器性能、组分和流动相性质及操作条件有关，不易准确测量，在定量分析中的应用受到限制。

2. 相对校正因子

相对校正因子是定量分析中常用的校正因子，即某一组分与标准物质的绝对校正因子之比，用 f_{is}^{A}、f_{is}^{h} 表示，它的定义可用式（1-26）和式（1-27）表示。

$$f_{is}^{A} = \frac{f_i'}{f_s'} = \frac{m_i}{m_s} \times \frac{A_s}{A_i} \qquad (1\text{-}26)$$

$$f_{is}^{h} = \frac{f_i'}{f_s'} = \frac{m_i}{m_s} \times \frac{h_s}{h_i} \qquad (1\text{-}27)$$

式中　f_{is}^{A} ——组分 i 的峰面积；

　　　f_{is}^{h} ——组分 i 的峰高相对校正因子；

　　　A_s ——基准组分 s 的峰面积；

　　　h_s ——基准组分 s 的峰高；

　　　m_s ——基准组分 s 通过检测器的量，可用克、摩尔或体积单位表示；

　　　m_i ——基准组分 i 通过检测器的量，可用克、摩尔或体积单位表示。

相对校正因子是一个无因次量，其数值与所采用的计量单位有关，使用时常将"相对"二字省去，简称为校正因子。

3. 校正因子的测定

校正因子一般都用纯物质配制已知各组分含量的混合物，取一定体积注入色谱柱，经分离后，测得各组分的峰面积或峰高，再由式（1-26）和式（1-27）计算相对校正因子。

（三）定量方法

在色谱定量分析中，较常用的定量方法有归一化法、外标法和内标法等。其中，使用最多是外标法。

1. 归一化法

如果试样中所有组分均能流出色谱柱，并在检测器上都有响应信号，都能出现色谱峰，可用此法计算各待测组分的含量，其计算公式为式（1-28）：

$$\begin{aligned} C_i &= \frac{m_i}{m_1 + m_2 + \cdots + m_i + \cdots m_n} \times 100\% \\ &= \frac{A_i f_i}{A_1 f_1 + A_2 f_2 + \cdots + A_i f_i + \cdots A_n f_n} \times 100\% \end{aligned} \qquad (1\text{-}28)$$

式中　C_i ——待测组分 i 的百分含量，%；

　　　A_i、f_i ——待测组分 i 的峰面积与峰面积校正因子。

归一化法简便，准确，当操作条件如进样量、流速等变化时，对结果的影响也较小，适用多组分的同时测定，但若试样中有的组分不能出峰，则不能采用此法。

2. 内标法

当只需测定试样中某几个组分，而且试样中所有组分不能全部出峰时，可采用此法。

所谓内标法是在将一定量的纯物质作为内标物，加入准确称取的试样中，根据被测物和内标物的质量及其在色谱图上相应的峰面积比，求出某组分的含量。

在试样中加入内标物应选用试样中不存在的纯物质，其色谱峰应位于待测组分色谱峰附近或几个待测组分色谱峰的中间，并与待测组分完全分离，内标物的加入量也应接近试样中待测组分的含量。具体做法是准确称取 m（g）试样，加入 m_s（g）内标物，根据试样和内标物的质量比及相应的峰面积之比，由式（1-29）、式（1-30）计算待测组分的含量：

$$\frac{m_i}{m_s} = \frac{f_i A_i}{f_s A_s} \tag{1-29}$$

$$C_i = \frac{m_i}{m} \times 100\% = \frac{f_i A_i}{f_s A_s} \times \frac{m_s}{m} \times 100\% \tag{1-30}$$

式中　C_i——待测组分的含量，%；

A_i、m_i——待测组分 i 的峰面积与质量；

A_s、m_s——内标物的峰面积与质量；

f_i、f_s——待测组分 i 的峰面积校正因子与内标物的峰面积校正因子。

由于内标法中以内标物为基准，故 $f_s = 1$。

内标法的优点是定量准确。因为该法是用待测组分和内标物的峰面积的相对值进行计算，对于操作条件变化引起的误差影响不大，试样中含有不出峰的组分时也能使用，但每次分析都要准确称取试样和内标物的量，比较费时，不宜用于快速分析。

3. 外标法

外标法是选取包含样品组分在内的已知浓度（C_s）的气体作为标准物，注入色谱仪，测量该已知浓度外标物的峰高（h_s）或峰面积（A_s）；然后再取相同进样量的被测样品，在同样条件下进行色谱试验，获得各组分的峰高（h_i）或峰面积（A_i）；被测样品通过和已知浓度外标物进行峰高或峰面积比较（在一定的浓度范围内，组分浓度与峰高或峰面积呈线性关系），得出被测样品的浓度（C_i）。

外标法是最常用的定量方法。其优点是操作简便、计算简单。结果的准确性主要取决于进样的重现性和操作条件的稳定性。

外标法在操作与计算上又可分为校正曲线法与用校正因子求算法。

（1）校正曲线法。是用已知不同含量的标样系列等量进样分析，然后作出响应信号（峰面积或峰高）与含量之间的关系曲线即校正曲线。做样品定量分析时，在测校正曲线相同条件下进同样量的等测样品，从色谱图上测出峰高或峰面积后，即可从校正曲线查出样品中的含量。

（2）用校正因子求算法。此法是将标样多次分析后得到的响应信号与其含量求出它的绝对校正因子（即操作校正因子）f_s^A 和 f_s^h，然后按式（1-31）和式（1-32）求出待测样品中的含量（C_i）：

$$C_i = \frac{C_s}{A_s} A_i = f_s^A A_i \tag{1-31}$$

或

$$C_i = \frac{C_s}{h_s} h_i = f_s^h h_i \tag{1-32}$$

式中　C_s——标样的已知含量；

A_s、h_s——分别为标样的峰面积与峰高；

A_i、h_i——分别为待测样品的峰面积与峰高；

f_s^A、f_s^h——分别为标样的峰面积绝对校正因子与峰高绝对校正因子。

（3）使用外标法的注意事项。

1）必须保持分析条件稳定，进样量恒定，否则误差较大。

2）样品含量必须在仪器的线性响应范围。特别是在使用校正因子求算法时，待测样品组分含量应与标样含量相近。

3）校正曲线应经常进行校准，标样的操作校正因子也应随时校核，特别是分析条件有变化时。

4）如分析条件严格稳定，对同一物质，含量与峰高响应信号呈线性关系时，定量计算可采用简化的峰高法；不然，都应采用峰面积法。

 【思考与练习】

（1）利用保留参数定性法包括哪几种方法？

（2）气相色谱定量分析的理论依据是什么？色谱定量分析中，较常用的定量方法有哪些？

（3）什么是外标法？它有什么特点？

第二章

油中溶解气体色谱分析技术

第一节 样 品 采 集

本节包含油浸式变压器（电抗器）取样的要求和标准流程，有助于掌握油浸式变压器（电抗器）绝缘油、瓦斯的取样。

一、油中溶解气体的产生机理

大型电力变压器在电力系统中起着连接不同电压等级电网的枢纽作用，其运行可靠性与电力系统的稳定及安全紧密相关。提高变压器的运行维护水平，特别是增强早期潜伏性故障的诊断能力，对于降低变压器的故障概率，确保电力系统的供电可靠性具有重要意义。

充油电气设备所用材料包括绝缘材料、导体（金属）材料两大类。绝缘材料主要是绝缘油、绝缘纸、树脂及绝缘漆等；金属材料主要是铜、铝、硅钢片等材料。故障（异常）下产生的气体也主要是来源于纸和油的热裂解。

（一）绝缘油的裂解产气

绝缘油是由天然石油精炼而获得的矿物油，其化学组成主要是由碳、氢两个元素所结合成的碳氢化合物即烃类，其主要组成是烷烃、环烷烃和芳香烃。绝缘油在化学结构上，原子间的化学键一般有四种：即 C—H、C—C、C—O、H—O 等。其中碳与碳的化学键又分为三种：即单键（C—C）、双键（C=C）键和三键（C≡C），分别叫作烷键、烯键和炔键，烯键和炔键都属于不饱和键。这些化学键都具有不同的键能，见表 2-1。

表 2-1	化学键的键能		kJ/mol
化学键	键能	化学键	键能
H—H	104.2	C≡C	194
C—H	94~102	C—O	84
C—C	71~97	C=O	174
C=C	147	H—O	110.6

从表 2-1 可以看出，不同化学键具有不同的键能数值，说明不同的碳键断裂或烃类化合物脱氢，所需要的能量是不同的，变压器等充油设备在正常运行条件下，产生的热量不足以使碳键断裂或烃类化合物脱氢，当设备内部存在某些故障（异常）时，产生的能量会使烃类化合物的键断裂，产生低分子烃类或氢气（H_2），所产生烃类气体的不饱和程度随裂解能量密度（温度）的增加而增加，即低温下的裂解气以饱和烃为主，高温下的裂解以烯烃、炔烃为主，故障（异常）气体的产生和故障（异常）温度的关系如图 2-1 所示。随着裂解温度的升高，裂解气各组分出现的顺序是：烷烃—烯烃—炔烃，这是 C—C、C=C、C≡C 化学键具有不同的键能所决定的，因此可以说分子结构是决定故障（异常）产气特征的本质原因。绝缘油和绝缘材料在不同温度能量作用下的劣化特征如下：

（1）绝缘油在 140℃以下有蒸发汽化和较缓慢速的氧化。

（2）绝缘油在 140℃到 500℃时，油分解主要产生烷烃类气体，其中主要成分是甲烷（CH_4）和乙烷（C_2H_6）；随着温度的升高（500℃以上），油分解急剧增加，其中烯烃和氢的增加较快，乙烯（C_2H_4）尤为显著；而温度更高（800℃左右）时，还会产生乙炔（C_2H_2）。

（3）绝缘油在超过 1000℃时，使裂解产生的气体大部分是乙炔（C_2H_2）和氢气（H_2），并有一定的甲烷（CH_4）和乙烯（C_2H_4）气体等。

（4）出于各种原因，在较高电场下会出现气隙放电，而放电的本身又进一步引起油的分解，产生的气体主要是氢和少量甲烷（CH_4）。

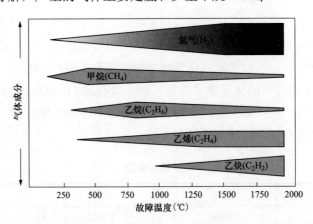

图 2-1 故障（异常）气体的产生和故障（异常）温度的关系图

（5）固体绝缘材料在较低温度（140℃以下）作用下，将逐渐老化产生气体，其中一氧化碳（CO）和二氧化碳（CO_2）是主要的，二氧化碳（CO_2）更为显著。

（6）固体绝缘材料在高于 200℃作用下，除产生碳的氧化物之外，还分解有氢、烃类气体，随温度的升高，CO/CO_2 的比值不断上升；至 800℃时，CO/CO_2 的比值达到 2.5，而且也伴随出现少量的甲烷（CH_4）、乙烯（C_2H_4）等烃类气体。

（二）固体绝缘材料的裂解产气

绝缘纸主要成分是纤维素，其分子结构式为（$C_6H_{10}O_5$）$_n$。A 级绝缘纸裂解的有效温度高于 105℃，完全裂解和碳化高于 300℃，但如果延长加热时间或存在某些催化剂时，则在 150～200℃也会产生裂解。绝缘纸在裂解时，因分子链反应在生成水的同时，生成大量的一氧化碳（CO）、二氧化碳（CO_2）和少量的低分子烃类气体。绝缘纸裂解气体主要是二氧化碳（CO_2），随着温度升高，开始出现一氧化碳（CO），继而 CO/CO_2 的比值不断上升；至 800℃时，CO/CO_2 的比值达到 2.5，而且伴随出现少量的甲烷（CH_4）、乙烯（C_2H_4）等烃类气体。

绝缘纸老化的另一个特征就是糠醛（$C_5H_4O_2$）含量增高，根据糠醛（$C_5H_4O_2$）的浓度便可推算出纤维绝缘材料的老化程度。

二、充油高压设备的故障（异常）气体特征

绝缘油里裂解出的气体形成气泡，在油里经对流、扩散，不断地溶解在油中，因此故障（异常）特征气体一般又称为"油中溶解气体"。这些故障（异常）气体的组成和含量与故障（异常）的类型及其严重程度有密切关系。因此，分析溶解于油中的气体能尽早发现设备内部存在的潜伏性故障（异常），并可随时监视故障（异常）的发展状况。

不同的故障（异常）类型产生的主要特征气体和次要特征气体见表 2-2。

表 2-2　　　　　　　　不同故障（异常）类型产生的气体

故障类型	主要气体组成	次要气体组成
油过热	CH_4，C_2H_4	H_2，C_2H_6
油和纸过热	CH_4，C_2H_4，CO	H_2，C_2H_6，CO_2
油纸绝缘中局部放电	H_2，CH_4，CO	C_2H_4，C_2H_6，C_2H_2
油中火花放电	H_2，C_2H_2	—
油中电弧	H_2，C_2H_2，C_2H_4	CH_4，C_2H_6
油和纸中电弧	H_2，C_2H_2，C_2H_4，CO	CH_4，C_2H_6，CO_2

三、油浸式变压器（电抗器）取样流程

1. 注射器的准备

应使用经过称重法刻度校正、密封良好且无卡塞的 100mL 玻璃注射器，使用前进行气密性检查和清洗。

检验注射器气密性常用的几种方法：

（1）注射器抽取一定的气体后，用橡胶帽封闭，将注射器浸入水中，压缩注射器内的气体，观察针头座、注射器内芯与管壁周围有无气泡形成。形成的气泡越小越少，则该部位的密封性越好。

（2）用手抵住注射器的管芯（应注意安全），将针头插入正常运行的色谱仪进样口，观察一段时间，TCD 基线变化越小，注射器的密封性越好。

（3）将注射器出口用橡胶帽密封，反复抽拉注射器管芯，放松后管芯越接近原来位置，气密性越好。

气密性不好的注射器不应使用。

取样注射器使用前，按顺序用中性洗涤剂水溶液、自来水、蒸馏水洗净，在 105℃ 下充分干燥后，立即用橡胶帽盖住头部待用，保存在专用样品箱内。如果一次清洗多支注射器时，应注意对应注射器编码，防止混淆不配套。

2. 取样基本要求

（1）取样要求全密封，即取样连接方式可靠，既不能让油中溶解气体逸散，也不能混入空气，操作时油中不得产生气泡。

（2）对于可能产生负压的密封设备，禁止在负压下取样，以防负压进气。

（3）设备的取样阀门应配上带有小嘴的连接器，在小嘴上接软管。取样前应排除取样管路中及取样阀门内的空气和"死油"（指变压器中未参与循环的油），所用的胶管应尽可能地短，同时用设备本体的油冲洗管路，取油样时油流应平缓。

3. 取样需要的器具

（1）充油设备专用取样阀。

（2）专用带有小嘴的三通阀连接器。

（3）100mL 注射器、橡胶帽及其他辅助工具材料等。

4. 准备工作

（1）根据现场工作时间和工作内容填写工作票，履行工作票许可手续。

（2）正确佩戴好安全帽、进入工作现场，在工作地点悬挂"在此工作"标示牌，检查安全措施是否满足工作要求，整齐摆放工器具及取样箱、取样容器。

（3）取样标签：填写样品标签，粘贴在注射器上；标签内容应包括变电站

名称、设备名称、取样日期等。

5. 取油样步骤

一般应在设备底部取样阀取样，特殊情况下可以在不同位置取样。取油样前应先确认设备油位正常、满足取样要求，然后核对取样设备和容器标签，用擦拭布将电气设备取样阀门擦净，再用专用工具拧开取样阀门防尘罩。

取油样操作：

（1）将三通阀连接管与取样阀接头连接，注射器与三通阀连接。

（2）旋开取样阀螺丝，旋转三通阀与注射器隔绝，放出设备死角处及取样阀的"死油"，并收集于废油桶中。

（3）旋转三通阀与大气隔绝，借助设备油的自然压力使油注入注射器，以便湿润和冲洗注射器（注射器要冲洗 2～3 次）。

（4）旋转三通阀与设备本体隔绝，推注射器管芯使其排空。

（5）旋转三通阀与大气隔绝，借助设备油的自然压力使油缓缓进入注射器中。

（6）当注射器中油样达到 80～100mL 时，立即旋转三通阀与本体隔绝，从注射器上拔下三通阀，用设备油置换橡胶帽内的空气后，将橡胶帽盖在注射器的头部，注射器擦拭干净后置于专用样品箱内。

（7）拧紧取样阀螺丝及防尘罩，用擦拭布擦净取样阀门周围油污。

（8）检查油位应正常，否则应补油。

用注射器取油样如图 2-2 所示。

6. 取气样步骤

一般在气体继电器的放气嘴取瓦斯气样。取样前先核对取样设备和容器标签，用注射器抽取少许本体油，润湿注射器后排空，盖上橡胶帽，用干净布将放气嘴擦净。

取气样操作：

（1）将三通阀连接管与放气嘴连接，注射器与三通阀阀连接。

（2）旋转三通阀与大气隔绝，缓慢拧开放气嘴，用气体继电器内的气体冲洗导通管及注射器。

（3）旋转三通阀与设备本体隔绝，推注射器管芯使其排空（气量少时可不进行 2、3 步骤）。

（4）旋转三通阀与大气隔绝，借助气体继电器内气体的压力使气样缓缓进入注射器中。

（5）当注射器中气样达到 30mL 左右时，立即旋转三通阀与本体隔绝，从注射器上拔下三通阀，用设备油置换橡胶帽内的空气后，将橡胶帽盖在注射器的头部，将注射器置于专用样品箱内。

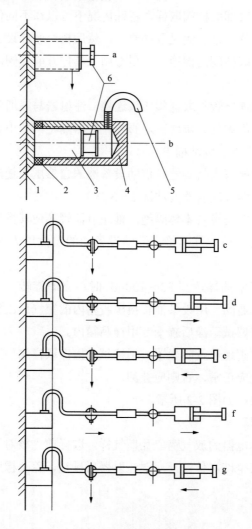

图 2-2　用注射器取油样示意图

1—设备本体；2—胶垫；3—放油阀；4—放油接头；5—放油口；6—放油螺丝

（6）拧紧放气嘴。

7. 油样保存和运输

（1）取好的油样应放入专用样品箱内，在运输中应尽量避免剧烈震动，防止容器破碎，尽量避光和避免空运。

（2）注射器在运输和保存期间，应保证注射器管芯能自由滑动，油样放置不得超过 4d。

第二节　样 品 前 处 理

本节包含气相色谱法样品前处理常用的方法和设备、操作步骤、脱气操作注意事项。通过对原理和操作过程详细介绍，帮助读者掌握气相色谱法样品前处理常用的方法和设备，使其具备运用脱气设备进行操作的能力。

一、测试目的

利用气相色谱法分析油中溶解气体必须将溶解的气体从油中脱出来，再注入色谱仪进行组分和含量的分析。目前常用的脱气方法有顶空取气法和真空法两种，真空法由于取得真空的方法不同又分为水银托普勒泵法和机械真空法两种，常用的是机械真空法。

二、装置介绍

（一）顶空取气法原理和设备

1. 原理

顶空取气法又称溶解平衡法。本方法是基于顶空色谱法原理（分配定律），即在一恒温恒压条件下油样与洗脱气体构成的密闭系统内，使油中溶解气体在气、液两相达到分配平衡。通过测定气相气体中各组分浓度，并根据分配定律和物料平衡原理所导出的公式，求出油样中的溶解气体各组分浓度，见式（2-1）和式（2-2）。

$$K_i = \frac{C_{il}}{C_{ig}}\,(\text{或}\,C_{il} = K_i C_{ig}) \qquad (2\text{-}1)$$

$$X_i = C_{ig}\left(K_i + \frac{V_g}{V_l}\right) \qquad (2\text{-}2)$$

式中　K_i——试验温度下，气、液平衡后溶解气体 i 组分的分配系数（或称气体溶解系数）；

　　　C_{il}——平衡条件下，溶解气体 i 组分在液相中的浓度，μL/L；

　　　C_{ig}——平衡条件下，溶解气体 i 组分在气相中的浓度，μL/L；

　　　X_i——油样中溶解气体 i 组分的浓度，μL/L；

　　　V_g——平衡条件下气相气体体积，mL；

　　　V_l——平衡条件下液相液体体积，mL。

2. 危险点分析及控制措施

（1）检查仪器接地是否良好。

（2）使用玻璃注射器及针头时应轻拿轻放，避免玻璃注射器破裂造成伤害。

（3）氮气瓶应放在专用气室内避免潮湿、阳光照射。

3. 测试前准备工作

（1）查阅相关技术资料、试验规程，明确试验安全注意事项，编写作业指导书。

（2）仪器与材料准备：准备好表2-3中所列出的仪器和材料。

（3）检查设置恒温定时振荡器的控制温度与时间，然后升温至50℃恒温备用。

（4）检查100mL、5mL玻璃注射器，应气密性良好，芯塞灵活无卡涩。

（5）检查氮气瓶的压力、减压阀，确保氮气充裕，减压阀正常。

表 2-3 仪 器 和 材 料

序号	设备及材料	要 求	备 注
1	恒温定时振荡器	往复振荡频率 275 次/min±5 次/min，振幅 35mm±3mm，控温精确度±0.3C，定时精确度±2min	合格
2	玻璃注射器	100mL、5mL 医用或专用玻璃注射器，气密性好、周漏氢量≤2.5%，刻度准确，芯塞应灵活无卡涩	合格
3	不锈钢注射针头体	牙科 5 号针头或合适的医用针头	合格
4	双头针头	锡焊	用牙科 5 号针头加工而成
5	注射器用橡胶封帽	弹性好，不透气	合格
6	氮气（或氩气）	纯度不低于 99.99%	合格

4. 测试步骤及要求

（1）贮气玻璃注射器的准备：取 5mL 玻璃注射器 A，抽取少量待测试油冲洗器筒内壁 1～2 次后，吸入约 0.5mL 试油，套上橡胶封帽，插入双头针头，针头垂直向上。将注射器内的空气和试油慢慢排出，使试油充满注射器内壁缝隙而不致残存空气。

（2）试油体积调节：将 100mL 玻璃注射器 B 中待测油样推出部分，准确调节注射器芯至 40.0mL 刻度（V_1），立即用橡胶封帽将注射器出口密封。为了排除封帽凹部内空气，可用试油填充其凹部或在密封时先用手指压扁封帽挤出凹部空气后进行密封。

（3）加平衡载气：取 5mL 玻璃注射器 C，用氮气（N_2）[或氩气（Ar）]清洗 1～2 次，再准确抽取 5.0mL 氮气（N_2）[或氩气（Ar）]，然后将注射器 C 内气体缓慢注入有待测试油的注射器 B 内，操作如图 2-3 所示。含气量低的试油，可适当增加注入平衡载气体积，以平衡后气相体积不超过5mL 为宜。一般分析时，采用氮气（N_2）做平衡载气，如需测定氮组分，则要改用氩气（Ar）做平衡载气。

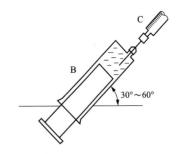

图 2-3　加平衡载气操作示意图

（4）振荡平衡：将注射器 B 放入恒温定时振荡器内的振荡盘上。注射器放置后，注射器头部要高于尾部约 5°，且注射器出口在下部（振荡盘按此要求设计制造）。启动振荡器启动按钮，试油恒温 10min 后开始连续振荡 20min，然后再静止 10min 完成油中溶解气体在气液两相溶解平衡。

（5）转移平衡气：将注射器 B 从振荡盘中取出，并立即将其中的平衡气体通过双头针头转移到注射器 A 内。把注射器 A 在室温下放置 2min 后准确读其体积 V_g（精确至 0.1mL），以备色谱分析用。

5．测试注意事项

（1）机械振荡法用 100mL 玻璃注射器，应校正 40.0mL 处的刻度。

（2）采用 100mL 玻璃注射器抽取油样操作过程中，应注意防止空气气泡进入油样注射器内。

（3）加平衡载气时，应缓慢将氮气（N_2）[或氩气（Ar）]注入有试油的注射器内，加气时间控制在 45s 左右，否则会对测试结果造成影响。

（4）为了使平衡气完全转移，也不吸入空气，应采用微正压法转移，即微压注射器 B 的芯塞，使气体通过双头针头进入注射器 A。不允许使用抽拉注射器 A 芯塞的方法转移平衡气。

（5）气体自油中脱出后应尽快转移到玻璃注射器中，以免发生回溶而改变其组成。

（6）脱出的气体应尽快进行分析，避免长时间储存，而造成气体逸散。

（7）对于测试过故障气体含量较高的玻璃注射器，应采用清洁干燥的棉布或柔韧的纸巾对其擦拭，而后注入新油清洁的方式及时进行处理，以免污染下一个油样。

（二）真空全脱气法原理和设备

1. 变径活塞泵全脱气法

（1）原理。变径活塞泵脱气装置由变径活塞泵、脱气容器、磁力搅拌器和真空泵等构成。利用大气与负压交替对变径活塞施力的特点，使活塞反复上下移动多次扩容脱气、压缩集气。在一个密封的脱气室内借真空与搅拌作用，连续补入少量氮气（N₂）[或氩气（Ar）]到脱气室，使油中溶解气体迅速析出的洗脱技术。变径活塞泵原理结构简图如图 2-4 所示。

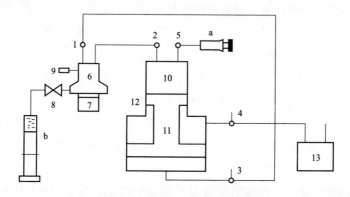

图 2-4 变径活塞泵原理结构简图

1～5—电磁阀；6—油杯（脱气室）；7—搅拌马达；8—进排油手阀；9—限量洗气管；

10—集气室；11—变径活塞；12—缸体；13—真空泵；a—取气注射器；b—油样注射器

（2）危险点分析及控制措施。

1）检查仪器接地是否良好。

2）检查管路间的连接应紧密不漏气。

3）使用玻璃注射器时应轻拿轻放，避免玻璃注射器破裂造成伤害。

（3）测试前准备工作。

1）查阅相关技术资料、试验规程，明确试验安全注意事项，编写作业指导书。

2）仪器与材料准备：准备好表 2-4 中所列出的仪器和材料。

3）检查变径活塞泵脱气装置的工作状态。启动真空泵与变径活塞泵自动全脱气装置，在不进油样的情况下，取气口收集到的洗气量不小于 2.5mL 且不大于 3.5mL，则装置工作正常待用 [装置自动连续洗气，补入氮气（N₂）（或氩气（Ar）]。

4）检查 5mL 医用或专用玻璃注射器，气密性良好，芯塞灵活无卡涩。

表 2-4 仪 器 和 材 料

序号	设备及材料	要　　　　求	备注
1	变径活塞泵自动全脱气装置	对于溶解度最大的乙烷（C_2H_6）气体的脱出率大于 95%，对其余气体的脱出率接近 100%；系统真空度残压不高于 13.3Pa，所配用旋片式真空泵的极限真空度 0.067Pa	合格
2	玻璃注射器	5mL 医用或专用玻璃注射器，刻度准确，芯塞应灵活无卡涩	合格
3	氮气（N_2）［或氩气（Ar）］	纯度不低于 99.99%	合格

（4）操作步骤。

1）试油、取气注射器连接：装有待测油样注射器 b 与进排油手阀 8 前的进油管连接，在取气口插入 5mL 取气注射器 a。

2）进油管排气：慢慢旋开进排油手阀，使油样注射器 b 中的油样缓慢沿进油管上升，排除管内空气至略有油沫进入脱气室 6，即关上进排油手阀。记下注射器上刻度值 V_1（mL）。

3）进油脱气：抽真空结束后，再按一下操作钮。接着慢慢旋开进排油手阀，让油样喷入脱气室约 20mL 即关上。再次记下油样注射器 b 上刻度值 V_2（mL）。注意：应掌握进油阀开度，不要进油太快，以免产生的油沫从脱气室进入集气室和注射器 a 内。

4）样气收集：装置自动进行多次脱气、集气，把油样中脱出的气体逐次合并收集在 5mL 取气注射器 a 内。

5）油样、气样的计量：记录脱出的气体体积（V_g）（准确至 0.1mL），并由 V_1 与 V_2 的差得到进油体积（V_1）（准确至 0.5mL）。仲裁测定时也可根据重量法，由进样质量与油的密度得到进油体积。

6）残油排放：接通排油氮气（N_2）或按捏压气球，排除脱气后的油样。

（5）测试注意事项。

1）气体自油中脱出后应尽快转移到玻璃注射器中，以免发生回溶而改变其组成。

2）脱出的气体应尽快进行分析，避免长时间储存，而造成气体逸散。

3）脱气装置应保持良好的密封性，真空泵抽气装置应接入真空计以监视脱气前真空系统的真空度（一般残压不应高于 40Pa），真空系统在泵停止抽气的情况下，在两倍脱气所需的时间内残压应无显著上升。

4）机械真空法属于不完全的脱气方法，在油中溶解度越大的气体脱出率越低，而在恢复常压的过程中气体都有不同程度的回溶。不同的脱气装置或同一装置采用不同的真空度，将造成分析结果的差异。使用机械真空法脱气，必须对脱气装置的脱气率继续校核。

各组分脱气率 η_i 的定义见式（2-3）。

$$\eta_i = \frac{U_{gi}}{U_{oi}} \tag{2-3}$$

式中　　U_{gi}——脱出气体中某组分的含量，$\mu L/L$；

　　　　U_{oi}——油样中原有某组分的含量，$\mu L/L$。

可用已知各组分的浓度的油样来校核脱气装置的脱气率。因受油的黏度、温度、大气压力等因素的影响，脱气率一般不容易测准。即使是同一台脱气装置，其脱气率也不会是一个常数，因此，一般采用多次校核的平均值。

5）脱气装置应与取样容器连接可靠，防止进油时带入空气。

6）要注意排净前一个油样在脱气装置中的残油和残气，以免故障气体含量较高的油样污染下一个油样。

2. 水银真空脱气法介绍

（1）适用范围。水银真空脱气法方法适于作仲裁法，对溶解度较大的气体通常可脱出 97%左右，对溶解度较小的气体脱气率接近完全。

将油样置于预先抽真空的容器内脱出溶解的气体，然后由托普勒泵（水银泵）多次收集脱出的气体并将其压缩至大气压，再由气量管测量其总体积。

（2）仪器设备。托普勒脱气装置如图 2-5 所示。

（3）托普勒泵脱气法操作步骤。

1）装有油样的注射器称重后，接到脱气瓶 3 上。

2）打开阀 V_1、V_2、V_4、V_6、V_7 和 V_9，关闭 V_3、V_5 和 V_8。V_{13} 是电磁三通阀，不通电状态时，为真空泵 V_{p2} 与系统相通。

3）开启真空泵 V_{p1} 和 V_{p2} 及磁力搅拌器 8。

4）当真空度降至 10Pa 时，关闭阀 V_9、V_6 和 V_2。

5）打开 V_8 通过隔膜 9 往脱气瓶注入油样。托普勒泵开始多次脱气。

6）规定的脱气时间（即 1～3min）后，启动阀 V_{13} 继续第一次循环，使水银面上的低压压缩空气将收集瓶中的气体压入气量管。此时水银升到电接触面 a。反转阀 V_{13} 连通真空泵 V_{p1} 和水银容器 1，使水银回落（聚集在气量管的气体由单向浮阀 V_{10} 封存）。接着从油中再进行抽气。用电子计数器累计脱气次数，到规定的脱气次数后，自动停止脱气操作。

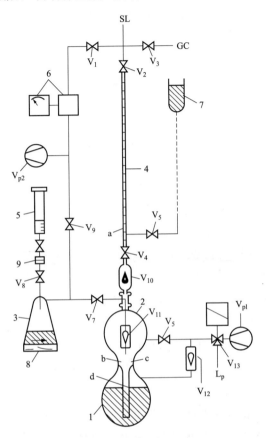

图 2-5 托普勒脱气装置

1—2L 水银容器；2—1L 气体收集瓶；3—250mL 或 500mL 脱气瓶；4—25mL（0.05mL 分度）气体
收集量管；5—油样注射器；6—真空计；7—水银液位调节容器；8—磁力搅拌器；9—隔膜；
$V_1 \sim V_9$—手动旋塞；$V_{10} \sim V_{12}$—单向阀；V_{13}—电磁三通阀；V_{p1}—粗真空泵；V_{p2}—主真空泵；
L_p—连接到低压空气（+/−110kPa）；SL—连接到 GC 样品导管；GC—连接到校正气体钢瓶；
a、b、c—电接点；d—管上的水银面记号

7）关闭自动循环控制器，将阀 V_{13} 切换到低压空气与水银容器 1 相通，使空气将水银压入气量管至阀 V_5 的水平面上。关闭阀 V_4。

8）打开阀 V_5，调节水银液位容器 7 的高低，使两个水银面处于同一水平面。读出收集在气量管内气体的总体积，记下环境温度和气压。

9）拆下油样注射器再称重，得出脱气油样的质量。在环境温度下测定油的密度。

10）关闭阀 V_1，打开阀 V_2，让脱出的气体进入色谱仪的定量管。再调节水银液位容器，使两个水银面在新的一个水平面上，关闭阀 V_2。（也可在气量管顶端装封闭隔膜代替阀 V_2，用精密气密性注射器取气样，定量注射进样分析）。

11）按式（2-4）计算在 20℃、101.3kPa 下，从油样中脱出的气体总含量 C_T，单位为 μL/L。

$$C_T = \frac{P}{101.3} \times \frac{293}{273+t} \times \frac{V \times d}{m} \times 10^6 \qquad (2-4)$$

式中　P——环境大气压力，kPa；

　　　t——环境温度，℃；

　　　V——环境温度和环境大气压力下，脱出气体的总体积，mL；

　　　d——换算到20℃下油的密度，g/mL；

　　　m——脱气油样的质量，g。

（4）脱气操作的注意事项。

1）系统真空度残压应低于 10Pa；不进油样，进行脱气操作后，收集到的残气量应小于 0.1mL。

2）脱气瓶容积为 250mL 或 500mL；气体收集瓶容积为 1L；水银容器容积为 2L；气体收集量筒为 25mL（分度为小于等于 0.05mL）。

3）进油样量：取自运行中变压器的油样用 250mL 脱气瓶脱气时，建议取 80mL 油样；对出厂试验的油样，如果油样中脱出的气体量不够，应拆下脱气瓶倒空，再换一个油样再次脱气，把两次脱出的气体集中一起；如遇到油中溶解气体浓度较低，也可采用 2L 的脱气瓶，油样增加为 500mL，用超声波搅拌油样。

4）脱气瓶与收集瓶的连接管内径应大于等于 5mm，并且尽可能地短。

5）真空计可采用皮拉尼真空计、麦氏真空计。

6）一次循环的脱气时间通常是 1～3min 或更短。

7）多次循环脱气的次数和每一次脱气时间应通过试验确定，以标准油样的脱气效率能大于 95%的脱气次数和每次脱气时间来确定。

8）应对脱气装置和色谱仪整套设备，用标准油样作定期（每隔 6 个月）全面校验。

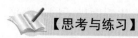
【思考与练习】

（1）气相色谱法样品前处理常用的方法和设备有哪些？

（2）机械振荡法操作步骤有哪些？

（3）变径活塞泵全脱气法操作步骤有哪些？

（4）托普勒泵脱气法操作步骤有哪些？

（5）脱气操作注意事项有哪些？

第三节　油中溶解气体色谱分析方法

本节包含油中溶解气体的气相色谱法仪器的标定、试样的分析、结果的计算。通过对原理、操作过程详细介绍，帮助读者掌握油中溶解气体的气相色谱法分析的操作步骤。

一、概述

油中溶解气体分析方法包括气相色谱法、光声光谱法、红外光谱法等。其中最常用的为气相色谱分析法。色谱分析法是 1903 年由俄国植物学家米哈伊尔·茨维特创立的，由于其具有分离效能高、分析速度快、定量结果准、易于自动化等特点，成为近代重要的分析手段之一。气相色谱分析法是色谱分析法的一种。

油中溶解气体气相色谱分析的步骤包括取样、油气分离、色谱检测、数据分析和故障（异常）诊断，该分析技术适用于充有矿物绝缘油和以纸或层压纸板为绝缘材料的电气设备，其中包括变压器、电抗器、电流互感器、电压互感器和油纸套管等；主要监测对判断充油电气设备内部故障（异常）有价值的气体，即氢气（H_2）、甲烷（CH_4）、乙烷（C_2H_6）、乙烯（C_2H_4）、乙炔（C_2H_2）、一氧化碳（CO）、二氧化碳（CO_2）。定义总烃为烃类气体含量的总和，即甲烷、乙烷、乙烯和乙炔含量的总和。

来自高压气瓶或气体发生器的载气首先进入气路控制系统，把载气调节和稳定到所需要流量与压力后，流入进样装置把样品（油中分离出的混合气体）带入色谱柱，通过色谱柱分离后的各个组分依次进入检测器，检测到的电信号经过计算机处理后得到每种特征气体的含量。

二、油中溶解气体的气相色谱法

（一）测试目的

绝缘油中溶解气体组分含量的测定，是充油电气设备出厂检验和运行监督过程中判断设备潜伏性故障的有效手段。油中溶解气体色谱分析法，是实现油中溶解气体组分含量测定的有效方法。

（二）方法概要

经脱气装置从油中得到的溶解气体的气样及从变压器气体继电器所取的气

样，用气相色谱仪进行组分和含量的分析，利用气体试样中各组分，在色谱柱中的气相和固定相间的分配及吸附系数不同，由载气把气体试样带入色谱柱中进行分离，并通过检测器进行检测各气体组分，根据各组分的保留时间和响应值进行定性、定量分析，气体试样中各组分浓度用色谱数据处理装置进行结果计算。

分析对象为氢气（H_2）、甲烷（CH_4）、乙烷（C_2H_6）、乙烯（C_2H_4）、乙炔（C_2H_2）、一氧化碳（CO）、二氧化碳（CO_2）。

氧（O_2）、氮（N_2）虽不做判断指标，但可为辅助判断，应尽可能分析。

（三）危险点分析及控制措施

（1）色谱工作台应能承受整套仪器重量，不发生振动，还应便于操作；在安装色谱仪工作台后应预留 30～40cm 的通道和至少 30cm 的空间，以便于检修和仪器散热。

（2）电源插座必须有接地，色谱仪电源应与其他大功率设备分开。

（3）贮气室最好与实验室分开，单独设置；室内温度变化不应过大，避免阳光直射或雨雪侵入；空气与氢气应分开贮放，以免发生爆炸危险。

（4）仪器安装后要进行检漏，确认没有漏气才能使用。

（四）测试前准备工作

（1）查阅相关技术资料、试验规程，明确试验安全注意事项，编写作业指导书。

（2）仪器与材料准备。准备好表 2-5 中所列出的仪器和材料。

表 2-5　　　　　　　　　　仪 器 和 材 料

序号	设备及材料	要　　　求	备　　　注
1	气相色谱仪	应具备 TCD、FID 及镍触媒转化炉仪器基线稳定，检测灵敏度应能满足油中溶解气体最小检测浓度的要求：O_2、N_2≤50μL/L；CO≤5μL/L；CO_2≤10μL/L；H_2≤2μL/L；烃类≤0.1μL/L	检定合格
2	色谱柱	适用于分离 H_2、O_2、N_2、CO、CO_2 和烃类气体的固定相	13X 分子筛、碳分子筛（TDX01）分离 H_2、O_2、N_2、CO、CO_2；高分子多孔小球（GDX502）分离烃类气体
3	数据记录和处理系统	可以采用色谱工作站、色谱数据处理机或具有满量程 1mV 的记录仪	—
4	玻璃注射器（1、5、10mL）	气密性好、周漏氢量≤2.5%，刻度准确，芯塞应灵活无卡涩	合格

续表

序号	设备及材料	要 求	备 注
5	混合标准气体	以氮气为底气含有以下组分：H_2、O_2、CO、CO_2、CH_4、C_2H_4、C_2H_6、C_2H_2。标气应由国家计量部门授权的单位配制，具有检验合格证及有效使用期	合格
6	氮气或氩气	纯度不低于 99.99%	合格
7	氢气	纯度不低于 99.99%	合格
8	空气	纯净无油	合格

（3）色谱仪开机稳定工作包括：

1）打开高压气瓶（或气体发生器）的气源阀，观察并调节流量控制器压力表的压力。

2）观察并调节各气体流量，通入载气 15min 左右，打开气相色谱仪电源。

3）输入或检查各路温度的设定值，包括进样器、检测器、柱箱温度设定。

a．在通载气的情况下，逐一检查各加热室的控温性能。

b．启动仪器总开关后，合上温度控制器开关，过 20min 左右，各加热室应达到设定的温度。

4）检测器参数的设定：需要设定 FID 的量程、TCD 的极性和桥流等。

5）等温度上升到设置温度以后，点火，加桥电流。

6）打开色谱分析工作站，进入实时采样界面，点击采样开始按钮，观察基线是否稳定，待仪器基本稳定后即可调整基线。

7）检查玻璃注射器的状态，芯塞应灵活无卡涩。

8）排列并登记待测样品气。

（五）测试步骤及要求

1．采用外标定量法进行仪器的标定

（1）在"标样参数"菜单下准确输入混合标气中各组分的浓度。

（2）采用色谱分析工作站进行数据处理的，选择色谱工作站中"采样分析"菜单下"标样采样"模式。

（3）用 1mL 玻璃注射器准确抽取已知各组分浓度 C_{is} 的标准混合气 1mL（或 0.5mL）进样标定。

（4）进样结束后，按照色谱工作站程序计算校正因子。

（5）至少重复操作两次。

2．试样的分析

采用色谱分析工作站进行数据处理的，按下列顺序操作：

（1）进入色谱分析工站，输入待测样品名称，而后选用该样品。

（2）进行分析参数设置：包括脱气方式的选择、输入室内大气压和环境温度、本次分析的油样体积，脱出气体积等。

（3）分析油样：单击"采样分析"菜单下的"油样分析"进入油样实时采样。取带 1mL（或 0.5mL）玻璃进样针 1 只，用微正压法取 1mL（或 0.5mL）气进样，同时按下开始键。

（4）结果计算：油样分析结束后，色谱分析工作站会自动计算出结果。

（5）结果存储：单击"数据管理"菜单下的"检测结果入库"，使当前分析的油样存入数据库中。

3. 关机

（1）依次退出工作站，再关闭计算机。

（2）关闭空气助燃气后，关闭 TCD、FID 检测器。

（3）关闭加热电源，待转化炉温度降低至 200℃ 左右时，关闭氢气。

（4）关闭色谱仪主机电源并关闭稳压电源。

（5）主机温度降至室内温度后，再关闭载气 ［氩气（Ar）］。

4. 结果的计算

（1）油样脱气采用机械振荡法的计算。

1）体积的校正。样品气和油样体积的校正按式（2-5）和式（2-6）将在室温、试验压力下平衡的气样体积 V_g 和试油体积 V_l 分别校正到平衡状态 50℃、试验压力下的体积。

$$V'_g = V_g \times \frac{323}{273+t} \qquad (2\text{-}5)$$

$$V'_l = V_l[1 + 0.0008 \times (50 - t)] \qquad (2\text{-}6)$$

式中　V'_g——50℃、试验压力下平衡气体体积，mL；

　　　　V_g——室温 t、试验压力下平衡气体体积，mL；

　　　　V'_l——50℃时油样体积，mL；

　　　　V_l——室温 t 时油样体积，mL；

　　　　t——实验室的室温，℃；

　0.0008——油的热膨胀系数，1/℃。

2）油中溶解气体各组分浓度的计算。按式（2-7）计算 20℃、1 个大气压时油中溶解气体各组分的浓度。

$$X_i = 0.929 \times \frac{P}{101.3} \times C_{is} \times \frac{\overline{A_i}}{A_{is}} \left(K_i + \frac{V'_g}{V'_l} \right) \qquad (2\text{-}7)$$

式中 X_i ——油中溶解气体 i 组分浓度，μL/L；

      C_{is} ——标准气中 i 组分浓度，μL/L；

      $\overline{A_i}$ ——样品气中 i 组分的平均峰面积，mV·s；

      $\overline{A_{is}}$ ——标准气中 i 组分的平均峰面积，mV·s；

      V_g' ——50℃、试验压力下平衡气体体积，mL；

      V_1' ——50℃时的油样体积，mL；

      P ——试验时的大气压力，kPa；

  0.929 ——油样中溶解气体浓度从 50℃校正到 20℃时温度校正系数；

      K_i ——组分 i 的奥斯瓦尔德系数（又称分配系数，见表 2-6）。

式中的 $\overline{A_i}$、$\overline{A_{is}}$ 也可用平均峰高 $\overline{h_i}$、$\overline{h_{is}}$ 代替。

表 2-6   各种气体在矿物绝缘油中的奥斯瓦尔德系数（K_i）

标准	温度（℃）	H_2	N_2	O_2	CO	CO_2	CH_4	C_2H_2	C_2H_4	C_2H_6
GB/T 17623—2017《绝缘油中溶解气体组分含量的气相色谱测定法》[①]	50	0.06	0.09	0.17	0.12	0.92	0.39	1.02	1.46	2.30
IEC 60599-2022《用矿物油填充的电气设备-溶解气体和游离气体的解释指南》[②]	25	0.06	0.09	0.17	0.13	1.09	0.43	1.24	1.84	2.82

① K_i 为国产油测试的平均值。
② K_i 为从国际上几种最常用的变压器油得到的一些数据的平均值。

对牌号或油种不明的油样，其溶解气体的分配系数不能确定时，可采用二次溶解平衡测定法。

（2）采用变径活塞泵全脱气法的计算。

1）体积的校正。

按式（2-8）和式（2-9）将在室温、试验压力下的气体体积 V_g 和试油体积 V_1 分别校正为规定状况（20℃、101.3kPa）下的体积。

$$V_g'' = V_g \times \frac{P}{101.3} \times \frac{293}{273+t} \tag{2-8}$$

$$V_1'' = V_1[1 + 0.0008 \times (20-t)] \tag{2-9}$$

式中 V_g'' ——20℃、101.3kPa 状态下气体体积，mL；

      V_g ——室温 t、压力 P 时气体体积，mL；

      P ——试验时的大气压力，kPa；

V_1'' ——20℃时油样体积，mL；

V_1 ——室温 t 时油样体积，mL；

t ——试验时的室温，℃。

2）油中溶解气体各组分浓度的计算。按式（2-10）计算油中溶解气体各组分的浓度。

$$X_i = C_{is} \times \frac{\overline{A_i}}{\overline{A_{is}}} \times \frac{V_g''}{V_1''} \qquad (2\text{-}10)$$

式中　X_i ——油中溶解气体 i 组分浓度，μL/L；

C_{is} ——标准气中 i 组分浓度，μL/L；

$\overline{A_i}$ ——样品气中 i 组分的平均峰面积，mV·s；

$\overline{A_{is}}$ ——标准气中 i 组分的平均峰面积，mV·s；

V_g'' ——20℃、101.3kPa 时气体体积，mL；

V_1'' ——20℃时的油样体积，mL。

式中的 $\overline{A_i}$ 、$\overline{A_{is}}$ 也可用平均峰高 $\overline{h_i}$ 、$\overline{h_{is}}$ 代替。

（3）自由气体各组分浓度的计算。按式（2-11）计算自由气体各组分的浓度。

$$X_{ig} = C_{is} \times \frac{\overline{A_{ig}}}{\overline{A_{is}}} \qquad (2\text{-}11)$$

式中　X_{ig} ——自由气体 i 组分浓度，μL/L；

C_{is} ——标准气中 i 组分浓度，μL/L；

$\overline{A_{ig}}$ ——自由气体中 i 组分的平均峰面积，mV·s；

$\overline{A_{is}}$ ——标准气中 i 组分的平均峰面积，mV·s。

式中的 $\overline{A_{ig}}$ 、$\overline{A_{is}}$ 也可用平均峰高 $\overline{h_{ig}}$ 、$\overline{h_{is}}$ 代替。

（六）测试结果分析及测试报告编写

1. 分析结果的表示

（1）取两次平行试验结果的算术平均值为测定值。

（2）分析结果的记录符号："0"表示未测出数据（即低于最小检知浓度）；"—"表示对该组分未做分析。

2. 精密度和准确度

（1）重复性 r。油中溶解气体浓度大于 10μL/L 时，两次测定值之差应小于平均值的 10%；油中溶解气体浓度小于等于 10μL/L 时，两次测定值之差应小于平均值的 15%加两倍该组分气体最小检测浓度之和。

（2）再现性 R。两个实验室测定值之差的相对偏差：在油中溶解气体浓度大于 10μL/L 时，相对偏差小于 15%；小于等于 10μL/L 时，相对偏差小于 30%。

（3）准确度。本方法采用对标准油样的回收率试验来验证，一般要求回收率不应低于 90%，否则应查明原因。

3．测试结果分析

根据 DL/T 722—2014《变压器油中溶解气体分析和判断导则》，对于测试结果进行分析判断。

新设备投运前油中溶解气体含量应符合表 2-7 的要求，若运行中设备油中溶解气体含量注意值超过表 2-8，应引起注意。

表 2-7	新设备投运前油中溶解气体含量要求		μL/L
气体组分	变压器和电抗器	互感器	套管
氢气	<30	<50	<150
乙炔	0	0	0
总烃	<20	<10	<10

表 2-8	运行中设备油中溶解气体含量注意值		μL/L
设备名称	气体组分	330kV 及以上	220kV 及以下
变压器和电抗器	氢气	<10	<30
	乙炔	<0.1	<0.1
	总烃	<10	<20
互感器	氢气	<50	<100
	乙炔	<0.1	<0.1
	总烃	<10	<10
套管	氢气	<50	<150
	乙炔	<0.1	<0.1
	总烃	<10	<10

4．测试报告编写

测试报告编写应包括以下项目：样品名称和编号、测试时间、测试人员、环境温度、湿度、大气压力、测试结果、分析意见等，备注栏写明其他需要注意的内容。

（七）测试注意事项

1. 色谱仪标定应注意的问题

（1）确保标气的使用期在有效期内。

（2）标定仪器应在仪器运行工况稳定且相同的条件下进行，两次标定的重复性应在其平均值的±2%以内。

（3）要使用标准气对仪器进行标定，注意标气要用进样注射器直接从标气瓶中取气，而不能使用从标气瓶中转移出的标气标定，否则影响标定结果。

2. 色谱仪进样操作应注意的问题

（1）进样操作前，应观察仪器稳定状态，只有仪器稳定后，才能进行进样操作。

（2）进油样前，要反复抽推注射器，用空气冲洗注射器，以保证进样的真实性，以防止标气或其他样品气污染注射器，造成定量计算误差。

（3）样品分析应与仪器标定使用同一支进样注射器，取相同进样体积。

（4）进样前检验密封性能，保证进样注射器和针头密封性，如密封不好应更换针头或注射器。

 【思考与练习】

（1）油中溶解气体色谱分析法分析对象有哪些？

（2）气相色谱仪标定应注意哪几个问题？

（3）气相色谱仪进样操作应注意哪些问题？

第四节　油中溶解气体组分含量分析

本节包含绝缘油气体分配系数测定法、绝缘油溶解气体回收率。通过对原理、操作过程详细介绍，帮助读者掌握绝缘油气体分配系数测定法、绝缘油溶解气体回收率的原理、试验步骤和测试结果的计算。

一、绝缘油气体分配系数测定法

（一）测试目的

绝缘油气体分配系数是计算油中溶解气体各组分浓度的关键参数，当遇到牌号或油种不明的油样，其溶解气体的分配系数不能确定时，需要测定油样对油中溶解气体各组分的分配系数，以提高油中溶解气体含量测定的准确性。

（二）方法原理

在一密闭容器内放入一定体积的空白油和一定体积的含某被测组分的气体

（不必测定其准确的起始浓度值）。在恒温下经气液溶解平衡后，测定该组分在气体中的浓度；然后排出全部气体，再充入一定体积的空白气体（如色谱分析用载气），在同样的恒定温度下，进行第二次平衡，再测定该组分在气体中的浓度；最后根据分配定律和物料平衡原理所导出的公式，求出该油样对各气体组分的分配系数。

（三）测试前准备工作

（1）查阅相关技术资料、试验规程，明确试验安全注意事项，编写作业指导书。

（2）测试装置的准备：准备好表 2-5 和表 2-9 中的仪器和材料。

表 2-9　　　　　　　　　　仪 器 和 材 料

序号	设备及材料	要　　　求	备注
1	常温常压气体饱和器	1—气体进口；2—气体出口；3—分液漏斗(500mL)；4—试油；5—散气元件(具微孔烧结板)；6—旋塞；7—油出口	—
2	恒温定时振荡器	往复振荡频率（275±5）次/min，振幅（3±3）mm，控温精度±0.3℃，定时精度±2min	合格
3	注射器用橡胶封帽	弹性好，不透气	合格

（3）色谱仪开机备用，使仪器性能处于稳定备用状态。

（4）制备空白油样：取试油 200～250mL，放入特制的常温常压气体饱和器内。在室温下通入高纯氮气（N_2）[如果测定氮气的分配系数，改用纯氩气（Ar）]鼓泡吹洗 2～4h，直至油中其他气体组分被驱净为止（用色谱分析法检查），然后密封静置备用。

（5）混合气体的准备：根据所要测定的气体组分配制（或选用）混合气体。

混合气体可以是单一组分或多组分的［氮气（N_2）或氩气（Ar）为底气］，其浓度不需准确标定。

（6）打开恒温定时振荡器，升温至50℃恒温备用。

（四）测试步骤及要求

（1）用100mL注射器吸取空白试油20mL，密封并充入20mL混合气体，在50℃恒温下经振荡平衡后，取出全部平衡气体，分析平衡气体中被测组分的浓度。

（2）向盛有第一次平衡后油样的注射器内加入20mL纯氮气（N_2）［或氩气（Ar）］，在50℃恒温下进行第二次振荡平衡，然后再取出全部平衡气体，在室温下准确读取气体体积并分析平衡气体中被测组分浓度。

（3）将室温和实验压力下第二次平衡后的气体与试油体积按规定状况（50℃、101.3kPa）进行校正计算。

（4）根据分配定律和物料平衡原理，按式（2-12）计算气体组分在规定状况下（50℃、101.3kPa）的分配系数 K_i 值（计算值精确至小数点后二位）。

$$K_i = \frac{C'_{ig}}{C_{ig} - C'_{ig}} \times \frac{V_g}{V_1} \tag{2-12}$$

式中　K_i——i组分在温度 t 时的分配系数（或称气体溶解系数）；

　　　C_{ig}——第一次平衡后，溶解气体 i 组分在气体中的浓度，μL/L；

　　　C'_{ig}——第二次平衡后，溶解气体 i 组分在气体中的浓度，μL/L；

　　　V_g——第二次平衡后，温度 t 时的气体体积，mL；

　　　V_1——第二次平衡后，温度 t 时的液体体积，mL。

（五）测试结果分析及测试报告编写

（1）精密度。两次测定结果的相对偏差不应超过下列数值，重复性小于5%，再现性小于10%。

（2）测试报告。测试报告编写应包括以下项目：测试时间、测试人员、环境温度、湿度、大气压力、测试结果等，备注栏写明其他需要注意的内容。

（六）测试注意事项

（1）制备空白油样应注意鼓泡吹洗时间，确保油中其他气体组分被驱净。

（2）二次振荡平衡后分析平衡气体中被测组分浓度，应在仪器运行工况稳定且相同的条件下进行。

（3）第二次振荡平衡取出全部平衡气体后，应在室温下准确读取气体体积。

二、二次溶解平衡测定法测定油中溶解气体组分含量

（一）测试目的

对牌号或油种不明的油样，其溶解气体的分配系数 K_i 不能确定时，可采用二次溶解平衡测定法计算油样中的气体组分浓度。

（二）方法原理

在一密闭容器内放入一定体积的样品和一定体积的空白气体（载气），在恒温下平衡后，测定气体中组分浓度，然后排出残气，再充入相同体积的空白气体，经第二次平衡后，再测定该组分浓度。根据分配定律和物料平衡原理，可以求出样品中气体组分浓度。

（三）测试前准备工作

（1）查阅相关技术资料、试验规程，明确试验安全注意事项，编写作业指导书。

（2）测试装置的准备。

（3）准备好表 2-5 和表 2-10 中的仪器和材料。

表 2-10　　　　　　　　　　仪 器 和 材 料

序号	设备及材料	要　　　求	备注
1	恒温定时振荡器	往复振荡频率（275±5）次/min，振幅（35±3）mm，控温精度±0.3℃，定时精度±2min	合格
2	注射器用橡胶封帽	弹性好，不透气	合格

（4）色谱仪开机备用，使仪器性能处于稳定备用状态。

（5）恒温定时振荡器，升温至 50℃恒温备用。

（四）现场测试步骤及要求

（1）用 100mL 注射器吸取试油 40.0mL，密封并充入 5.0mL 氮气（或氩气），在 50℃下振荡平衡后，取出全部平衡气体，在室温下准确读取气体体积并分析气体组分浓度。

（2）向盛有第一次平衡后油样的注射器内加入 5.0mL 氮气（或氩气），然后在 50℃恒温下进行第二次振荡平衡，再取出全部平衡气体，在室温下准确读取气体体积并分析气体组分浓度。

（3）将室温和实验压力下二次平衡后的气体与试油体积按 50℃进行校正。

（4）计算。

1）当两次平衡后的 V_g 值相差不大，即 $r_1 \approx r_2$（r_1 是第一次平衡后，气体与液体的体积比；r_2 是第二次平衡后，气体与液体的体积比），大气压力≈101.3kPa

时，按式（2-13）求出样品中气体组分浓度。

$$x_i = 0.929 \times \frac{C_{ig}^2}{C_{ig} - C_{ig}'} \times \frac{V_g'}{V_1'}$$ （2-13）

式中　x_i ——样品中气体 i 组分浓度，μL/L；

　　　C_{ig} ——第一次平衡后，溶解气体 i 组分在气体中的浓度，μL/L；

　　　C_{ig}' ——第二次平衡后，溶解气体 i 组分在气体中的浓度，μL/L；

　　　V_g' ——50℃下平衡气的体积，mL；

　　　V_1' ——50℃下油样的体积，mL。

　　2）如两次平衡后的 V_g 值相差较大，即 $r_1 \neq r_2$，大气压力 $\neq$101.3kPa 时，按式（2-14）求出样品中气体组分浓度。

$$x_i = 0.929 \times \frac{C_{ig}[C_{ig} \times r_1 + C_{ig}'(r_2 - r_1)]}{C_{ig} - C_{ig}'} \times \frac{P}{101.3}$$ （2-14）

式中　x_i ——样品中气体 i 组分浓度，μL/L；

　　　r_1 ——第一次平衡后，气体与液体的体积比（即 V_g/V_1）；

　　　r_2 ——第二次平衡后，气体与液体的体积比；

　　　P ——实验室大气压力，kPa。

（五）测试结果分析及测试报告编写

（1）取两次平行试验结果的算术平均值为测定值。

（2）精密度和准确度。

1）重复性 r。油中溶解气体浓度大于 10μL/L 时，两次测定值之差应小于平均值的 10%；油中溶解气体浓度小于等于 10μL/L 时，两次测定值之差应小于平均值的 15%加两倍该组分气体最小检测浓度之和。

2）再现性 R。两个实验室测定值之差的相对偏差：在油中溶解气体浓度大于 10μL/L 时，相对偏差小于 15%；小于等于 10μL/L 时，相对偏差小于 30%。

（3）测试报告的要求。

测试报告编写应包括以下项目：测试时间、测试人员、环境温度、湿度、大气压力、测试结果、分析意见等，备注栏写明其他需要注意的内容。

（六）测试注意事项

（1）所使用 100mL 玻璃注射器应校准 40.0mL 处的刻度数。

（2）本方法不适用于测试气体浓度很低的油样。

三、绝缘油溶解气体回收率测定

（一）测试目的

测试绝缘油溶解气体回收率，可以用来验证油中溶解气体的气相色谱法测试的准确度。

（二）方法原理

通过向空白油样加入标准混合气体，振荡溶解平衡后分析平衡气体中各组分浓度，就可求出标准油中气体组分的浓度。用此标油进行脱气和色谱分析，求出回收率。

（三）测试前准备工作

（1）查阅相关技术资料、试验规程，明确试验安全注意事项，编写作业指导书。

（2）测试装置的准备：准备好表 2-5 和表 2-9 中的仪器和材料。

（3）色谱仪开机备用，使仪器性能处于稳定备用状态。

（4）制备空白油样：取试油 200～250mL，放入特制的常温常压气体饱和器内。在室温下通入高纯氮气（N_2）[如果测定氮气的分配系数，改用纯氩气（Ar）] 鼓泡吹洗 2～4h，直至油中其他气体组分被驱净为止（用色谱分析法检查），然后密封静置备用。

（5）恒温定时振荡器，升温至 50℃恒温备用。

（四）试验步骤

（1）将 100mL 备用注射器用空白油样冲洗 2～3 次，然后抽取 40.0mL 空白油样。

（2）向抽取的空白油样内加入 20mL 标准混合气体（或经配制和校正的混合气体）。配制混合气体中各组分浓度可按式（2-15）估算，配制的混合气体需放置 0.5h 以上方可使用。

$$C_{is} = X_{is} \times \left(\frac{1}{K_i} + \frac{1}{r} \right) \qquad (2\text{-}15)$$

式中　C_{is}——混合气体中 i 组分浓度，μL/L；

　　　X_{is}——要求配制的标油中 i 组分气体浓度，μL/L；

　　　K_i——i 组分气体分配系数；

　　　r——气、油体积比（V_g/V_1）。

（3）将此油样放入温度恒定为 50℃的振荡器内振荡 20min 后静置 10min。

（4）将振荡后的注射器内的气体转移一部分到 5mL（或 10mL）备用注射器内，然后将多余气体排净，此注射器内的油作为标油。

（5）对取出的气体进行色谱分析，并计算出各组分的浓度 X_{is}。

（6）按式（2-16）计算标油中各气体组分的浓度。

$$X_{is} = 0.929 \times (C_{is} - C_{ig}) \times \frac{V'_g}{V'_1} \qquad (2\text{-}16)$$

式中　　X_{is} ——所制的标油中 i 组分气体浓度，μL/L；

　　　　C_{is} ——标气（或配制的混合气）中 i 气体组分浓度，μL/L；

　　　　C_{ig} ——恒温振荡后，实测气相中 i 气体组分浓度，μL/L；

　　　　V'_g ——标气（或配制的混合气）50℃时平衡后的气体体积，mL；

　　　　V'_1 ——50℃标油的体积，mL。

若实验室大气压力不接近 101.3kPa，可进行 X_{is} 压力修正：$X_{is} \times \dfrac{P}{101.3}$。

（7）取标油并按油中溶解气体色谱分析的试验步骤进行分析，求出油中溶解气体各组分的实测浓度 X'_{is}。

（8）回收率计算。按式（2-17）计算回收率：

$$R = \frac{X'_{is}}{X_{is}} \times 100\% \qquad (2\text{-}17)$$

式中　　R ——回收率，%；

　　　　X'_{is} ——标油中 i 气体组分的实测浓度，μL/L；

　　　　X_{is} ——标油中 i 气体组分的理论浓度，μL/L。

（五）测试结果分析及测试报告编写

（1）测试结果一般要求回收率不应低于 90%，否则应查明原因。

（2）测试报告编写应包括以下项目：测试时间、测试人员、环境温度、湿度、大气压力、测试结果等，备注栏写明其他需要注意的内容。

（六）测试注意事项

（1）将 100mL 备用注射器应校准 40.0mL 处的刻度数。

（2）5mL（或 10mL）备用注射器应预先用所取气体冲洗三次。

 【思考与练习】

（1）采用振荡脱气如何进行油中溶解气体各组分浓度的计算？

（2）采用变径活塞泵全脱气法如何进行油中溶解气体各组分浓度的计算？

（3）绝缘油气体分配系数测定法的原理是什么？如何操作？

第三章

充油电气设备油品及设备故障分析与判断

第一节 绝缘油、绝缘纸的劣化程度分析

本节包含变压器油和绝缘纸劣化的原因概述。通过了解变压器油和绝缘纸劣化的检测分析方法介绍，有助于读者正确分析判断变压器油和绝缘纸劣化趋势。

一、绝缘材料简介

绝缘材料又称电介质，是电阻率高、导电能力低的物质。绝缘材料可用于隔离带电或不同电位的导体，使电流按一定方向流通。在变压器产品中，绝缘材料还起着散热、冷却、支撑、固定、灭弧、改善电位梯度、防潮、防霉和保护导体等作用。

绝缘油和绝缘纸都为绝缘材料，绝缘材料是变压器中最重要的材料之一，其性能及质量直接影响变压器运行的可靠性和变压器使用寿命。

绝缘材料按电压等级分类：一般分为：Y（90℃）、A（105℃）、E（120℃）、B（130℃）、F（155℃）、H（180℃）、C（大于180℃）。

变压器绝缘材料的耐热等级是指绝缘材料在变压器所允许承受的最高温度。如果正确地使用绝缘材料，就能保证材料20年的使用寿命。否则就会依据8℃定律（A级绝缘温度每升高8℃，使用寿命降低一半、B级绝缘是10℃，H级是12℃。这一规律被称为热老化的8℃规律）降低使用寿命。由高聚物组成的绝缘材料的耐热性一般比无机电介质低。绝缘材料性能与其分子组成和分子结构密切相关。

变压器所用的固体绝缘材料是指材料本身形态为固体的或经过化学反应、物理变化为固体的绝缘材料。变压器固体绝缘材料种类繁多，如绝缘纸、绝缘纸板、Nomex（诺美）纸、上胶纸、电工层压木、环氧玻璃布板、低介质损耗层压板、绝缘漆、绝缘胶、棉布带、紧缩带等。

在油浸变压器中，经常使用的绝缘纸有电力电缆纸、高压电缆纸和变压器匝间绝缘纸等，有植物纤维纸和合成纤维纸两类。电力电缆纸，用于35kV及以下的电力电缆和变压器或其他电器产品的绝缘；高压电缆纸，适用于110～

330kV 变压器，一般为卷筒纸；变压器匝间绝缘纸，也是高压电缆纸的一种，只不过性能更好一些，可用于 500kV 变压器、互感器和电抗器。

固体绝缘是油浸变压器绝缘的主要部分之一，包括绝缘纸、绝缘板、绝缘垫、绝缘卷、绝缘绑扎带等，其主要成分是纤维素，化学表达式为 $(C_6H_{10}O_6)n$，式中的 n 为聚合度。一般新纸的聚合度为 1300 左右，当下降至 250 左右，其机械强度已下降了一半以上，极度老化致使寿命终止的聚合度为 150～200。绝缘纸老化后，其聚合度和抗张强度将逐渐降低，并生成水（H_2O）、一氧化碳（CO）、二氧化碳（CO_2），其次还有糠醛［呋喃甲醛（$C_5H_4O_2$）］。这些老化产物大都对电气设备有害，会使绝缘纸的击穿电压和体积电阻率降低、介质损耗增大、抗拉强度下降，甚至腐蚀设备中的金属材料。固体绝缘具有不可逆转的老化特性，其机械和电气强度的老化降低都是不能恢复的。变压器的寿命主要取决于绝缘材料的寿命，因此油浸变压器固体绝缘材料，要求具有良好的电绝缘性能和机械特性，而且长年累月地运行后，其性能下降较慢，即老化特性好。

（一）纸纤维材料的性能

绝缘纸纤维材料是油浸变压器中最主要的绝缘组件材料，纸纤维是植物的基本固体组织成分，组成物质分子的原子中有带正电的原子核和围绕原子核运行的带负电的电子，与金属导体不同的是绝缘材料中几乎没有自由电子，绝缘体中极小的电导电流主要来自离子电导。纤维素由碳、氢和氧组成，这样由于纤维素分子结构中存在氢氧根，便存在形成水的潜在可能，使纸纤维有含水的特性。此外，这些氢氧根可认为是被各种极性分子（如酸和水）包围着的中心，它们以氢键相结合，使得纤维易受破坏；同时纤维中往往含有一定比例（约 7%）的杂质，这些杂质中包括一定量的水分，因纤维呈胶体性质，使这些水分尚不能完全除去。这样也就影响了纸纤维的性能。

极性的纤维不但易于吸潮（水分是强极性介质），而且当纸纤维吸水时，使氢氧根之间的相互作用力变弱，在纤维结构不稳定的条件下机械强度急剧变坏，因此，纸绝缘部件一般要经过干燥或真空干燥处理和浸油或绝缘漆后才能使用，浸漆的目的是使纤维保持润湿，保证其有较高的绝缘和化学稳定性及具有较高的机械强度。同时，纸被漆密封后，可减少纸对水分的吸收，阻止材料氧化，还可填充空隙，以减小可能影响绝缘性能、造成局部放电和电击穿的气泡。但也有人认为浸漆后再浸油，可能有些漆会慢慢溶入油内，影响油的性能，对这类油漆的应用应充分予以注意。

当然，不同成分纤维材料的性质及相同成分纤维材料的不同品质，其影响大小及性能也不同，如棉花中纤维成分最高，大麻中纤维最结实，某些进口绝缘纸板由于其处理加工好，使性能明显优于国产某些材质的纸板等。材料本身性能的差异导致了使用中老化趋势的不同。

（二）纸绝缘材料的机械强度

油浸变压器选择绝缘纸材料最重要的因素除纸的纤维成分、密度、渗透性和均匀性以外，还包括机械强度的要求，即耐张强度、冲压强度、撕裂强度和坚韧性等，机械强度的大小是绝缘纸老化与否的关键指标，一般通过聚合度指标监测。

（1）耐张强度：要求纸纤维受到拉伸负荷时，具有能耐受而不被拉断的最大应力。

（2）冲压强度：要求纸纤维具有耐受压力而不被折断的能力的量度。

（3）撕裂强度：要求纸纤维发生撕裂所需的力符合相应标准。

（4）坚韧性：纸折叠或纸板弯曲时的强度能满足相应要求。

对纸纤维绝缘材料在运行及维护中，应注意控制变压器额定负荷，要求运行环境空气流通、散热条件好，防止变压器温升超标和箱体缺油。还要防止油质污染、劣化等造成纤维的加速老化而损害变压器的绝缘性能，影响变压器使用寿命和安全运行。

二、绝缘材料的劣化原因

在电气设备运行过程中由于长期受各种因素作用，绝缘材料发生一系列不可逆的化学、物理变化，从而导致了电气性能和机械性能的劣化，这种不可逆的变化通常称为老化。变压器中的绝缘材料在运行过程中随着时间的延长，以及在氧气、催化剂（如水、铜、铁等材料）、温度、电场等因素的作用下，不同程度地存在品质劣化现象。

（一）绝缘油

绝缘油劣化的原因比较多，油品本身的抗氧化能力大小、氧气、催化剂（如水、铜、铁等材料）、温度、电场、纤维素材料等都会对其劣化产生影响。

（二）绝缘纸

纸纤维材料的劣化主要表现在三个方面。

1. 纤维脆裂

当过度受热使水分从纤维材料中脱离，更会加速纤维材料脆化。由于纸材脆化剥落，在机械振动、电动应力、操作波等冲击力的影响下可能产生绝缘故障而形成设备事故。

2. 纤维材料机械强度下降

纤维材料的机械强度随受热时间的延长而下降，当变压器发热造成绝缘材料水分再次排出时，绝缘电阻的数值可能会变高，但其机械强度将会大大下降，绝缘纸材将不能抵御短路电流或冲击负荷等机械力的影响。

3. 纤维材料本身的收缩

纤维材料在脆化后收缩，使夹紧力降低，可能造成收缩移动，使变压器绕组在电磁振动或冲击电压下移位摩擦而损伤绝缘。

三、绝缘材料的劣化分析方法和评价划分标准

（一）绝缘油

1. 绝缘油的劣化分析方法

评价变压器油劣化的性能指标涉及以下几个方面：氧化指数、酸度、外观、颜色、水分、介电损耗因数和界面张力等。

（1）氧化指数。由于油劣化的主要机理是氧化作用，因此氧化指数是监测油质运行中老化的重要指标。氧化指数的计算公式是：

氧化指数=界面张力/酸度

一般认为，变压器油的氧化指数低于 300 时，则不能继续使用。

（2）酸度。酸度也是一项很重要的指标，它可以提供氧化作用下油的老化速率和老化程度。油的酸度可代表氧化程度，其值越高，氧化程度也越高。

测量油中的酸度变化速率便可知道油的氧化速率。此外，酸的富集还可作为变压器油中是否形成油泥的先兆，根据酸的富集度也可进行判定。

油中所含酸性产物会使油的导电性增高，降低油的绝缘性能，在运行温度较高时（如 80℃以上）还会促使固体纤维质绝缘材料老化和造成腐蚀，缩短设备使用寿命。

（3）外观。检查运行油的外观，可以发现油中不溶性油泥、纤维和脏物存在，从而直观地监督油品的老化情况。

（4）颜色。新变压器油一般是无色或淡黄色，运行中颜色会逐渐加深，但正常情况下这种变化趋势比较缓慢。若油品颜色急剧加深，则应调查是否设备有过负荷现象或过热情况出现。如其他有关特性试验项目均符合要求，可以继续运行，但应加强监视。

（5）水分。水分是影响变压器设备绝缘老化的重要原因之一。变压器油和绝缘材料中含水量增加，直接导致绝缘性能下降并会促使油老化，影响设备运行的可靠性和使用寿命。对水分进行严格的监督，是保证设备安全运行必不可少的试验项目。

（6）介质损耗因数。介质损耗因数对判断变压器油的老化与污染程度是很敏感的。新油中所含极性杂质少，所以介质损耗因数也很小，一般仅有

0.01%～0.1%数量级；但由于氧化或过热而引起油质老化时，或混入其他杂质时，所生成的极性杂质和带电胶体物质逐渐增多，介质损耗因数也就会随之增加。在油的老化产物甚微，用化学方法尚不能察觉时，介质损耗因数就已能明显地分辨出来。因此介质损耗因数的测定是变压器油检验监督的常用手段，具有特殊的意义。

（7）界面张力。油水之间界面张力的测定是检查油中含有因老化而产生的可溶性极性杂质的一种间接有效的方法。油在初期老化阶段，界面张力的变化是相当迅速的，到老化中期，其变化速度也就降低，而油泥生成则明显增加，因此，此方法也可对生成油泥的趋势做出可靠的判断。

2. 运行油评价划分标准

大致可分为以下四类。

第一类：可满足变压器连续运行的油。此类油的各项性能指标均符合 GB/T 7595《运行中变压器油质量》中按设备类型规定的指标要求，不需采取处理措施，能继续运行。

第二类：能继续使用，仅需过滤处理的油。这类一般是指油中含水量、击穿电压超出 GB/T 7595 中按设备类型规定的指标要求，而其他各项性能指标均属正常的油品，此类油品外观可能有絮状物或污染杂质存在，可用机械过滤去除油中水分及不溶物等杂质，但处理必须彻底，处理后油中水分含量和击穿电压应能符合 GB/T 7595 中的要求。

第三类：油品质量较差，为恢复其正常特性指标必须进行油的再生处理。此类油通常表现为油中存在不溶物或可沉析性油泥，酸值或界面张力和介质损耗因数超出 GB/T 7595 中的规定要求，此类油必须进行再生处理或者更换。

第四类：油品质量很差，多项性能指标均不符合 GB/T 7595 中的要求。此类油从技术角度考虑应予报废。

（二）绝缘纸

判断固体绝缘性能可以设法取样测量纸或纸板的聚合度，或利用高效液相色谱分析技测量油中糠醛（$C_5H_4O_2$）含量，同时测定油中溶解气体、油品酸值、水溶性酸等方式，以便于在分析变压器内部存在故障时，判断是否涉及固体绝缘或是否存在引起线圈绝缘局部老化的低温过热，以及固体绝缘的老化程度。

1. 直接评价分析

聚合度是判断变压器绝缘老化程度的一种可靠手段，纸的聚合度的大小直接反映了绝缘的劣化程度。

一般新的油浸纸的聚合度值约为 1000，当聚合度值达到 250 左右时，绝缘纸的机械强度可下降 50%以上，此时如遇机械振动或其他冲击力，就可能造成损坏的严重后果。一般认为，如变压器绝缘纸聚合度值降到 250，从各方面考虑，这种绝缘已严重老化的变压器应尽早地退出运行。

2. 间接评价分析

（1）CO_2/CO 比值法。对 CO 和 CO_2 的气体含量注意值没有明确的规定值，推荐 CO_2/CO 的比值法。CO 和 CO_2 是绝缘过热的特征气体，不仅在老旧设备中普遍存在，而且受大气环境的影响大，不容易掌握，又必须引起足够的重视。用 CO_2 和 CO 的增量进行计算，当故障涉及固体绝缘材料时，可能 $CO_2/CO<3$；当固体绝缘材料老化时，一般 $CO_2/CO>7$。

（2）油中糠醛（$C_5H_4O_2$）含量。绝缘纸的纤维素受高温、水分、氧气（O_2）的作用而发生裂解，形成多种小分子化合物，在这些小分子的化合物中糠醛［即呋喃甲醛（$C_5H_4O_2$）］是绝缘纸因降解而产生的最主要的特征物质，利用高效液相色谱分析技术测定油中的糠醛含量，可间接分析判断固体绝缘材料的老化程度。

DL/T 596—2021《电力设备预防性试验规程》给出了不同年限下糠醛（$C_5H_4O_2$）含量的参考判断指标，具体数值见表 3-1，表中给出的数据皆为变压器正常老化情况下的糠醛（$C_5H_4O_2$）数据。

表 3-1　　　　不同年限下糠醛（$C_5H_4O_2$）含量的参考判断指标

运行年限（年）	1～5	5～10	10～15	15～20
糠醛含量（mg/L）	0.1	0.2	0.4	0.75

当油中的糠醛（$C_5H_4O_2$）含量达到 4mg/L 时，说明绝缘纸严重老化，该变压器应该报废。

油中的糠醛（$C_5H_4O_2$）含量与代表绝缘纸的老化的聚合度之间有较好的线性关系，其线性关系见式（3-1）。

$$\log(Fa)=1.51-0.0035D \tag{3-1}$$

式中　Fa——糠醛（$C_5H_4O_2$）含量 mg/L；

　　　D——纸的聚合度。

当然判断绝缘的最终老化，测定糠醛（$C_5H_4O_2$）含量只是一种间接判断老化的方法，应以纸的聚合度为主要判断老化依据较为可靠，这是因为油中糠醛（$C_5H_4O_2$）含量还受到许多因素干扰。油中糠醛（$C_5H_4O_2$）含量随着变压器运行时间的增加而含量上升，存在式（3-2）所示的关系式，超过此关系式的极限值，为非正常值，应引起注意。

$$\log(Fa) = -1.3 + 0.05T \tag{3-2}$$

式中　Fa——糠醛（$C_5H_4O_2$）含量 mg/L；

$\quad\quad T$——运行年限。

糠醛（$C_5H_4O_2$）测量结果的影响因素如下：经过吸附处理的油，则会不同程度地降低油中糠醛含量，所以在进行判断时一定注意这一情况，这就是有些变压器设备虽然运行时间长，而油中糠醛（$C_5H_4O_2$）含量低的一个重要原因。糠醛（$C_5H_4O_2$）在油中和绝缘纸中的含量随着温度的变化而发生转移，因此对测出糠醛（$C_5H_4O_2$）含量高的变压器应引起特别重视。

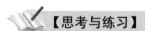

【思考与练习】

（1）简述绝缘纸劣化的原因有哪些。

（2）简述运行变压器油的劣化分析判断方法。

（3）简述绝缘纸的劣化分析判断指标。

第二节　绝缘油中溶解气体的分析及判断

本节包含油中溶解气体的特征气体法、三比值法、产气速率、平衡判据、其他方法和案例介绍。通过对常用方法的介绍和案例分析，帮助读者掌握绝缘油油中溶解气体的分析及判断常用方法，使其具备根据色谱测试数据进行故障诊断的能力。

当变压器内部发生潜伏性故障时，会加快故障气体的产气速度，并经对流、扩散不断溶解在油中，故障气体的组成和含量与故障的类型、严重程度有密切的关系。测定变压器油中溶解气体各组分含量，可以对运行设备可能存在的故障进行分析和判断，并可监视故障的发展状况。在诊断故障时一般先使用油中溶解气体的含量注意值和产气速率的注意值进行故障的识别，而后运用特征气体法、三比值法等方法进行故障类型和故障趋势的判断。

一、油中溶解气体的含量注意值

（一）油中溶解气体的含量注意值

变压器油中溶解气体组分的气相色谱分析对象包括氢气（H_2）、一氧化碳（CO）、二氧化碳（CO_2）、甲烷（CH_4）、乙烷（C_2H_6）、乙烯（C_2H_4）、乙炔（C_2H_2）共 7 个组分，其中甲烷（CH_4）、乙烷（C_2H_6）、乙烯（C_2H_4）、和乙炔（C_2H_2）4 种气体的总和称为总烃。

根据总烃（$C_1\sim C_2$）、乙炔（C_2H_2）、氢气（H_2）含量的注意值进行判断，分析结果超过注意值标准的，表示设备可能存在故障。这种方法只能用来粗略地表示变压器等设备内部可能有早期故障存在。新设备投运前油中溶解气体含量应符合表 2-7 的要求，若运行中设备油中溶解气体含量注意值超过表 2-8，应引起注意。

（二）使用注意事项

（1）表 2-7、表 2-8 参照了 DL/T 722—2014 的有关部分。

（2）注意值不是划分设备有无故障的唯一标准，当气体浓度达到注意值时，应进行追踪分析，查明原因。

（3）运行设备油中氢气与烃类气体的含量超过其中任何一项值时，应引起注意，进行分析，加强监视，必要时缩短检测周期。

（4）注意值中提出的几项主要指标，其重要性质有所不同。其中由乙炔反映的故障危险性较大，当乙炔增长较快时，应密切关注。

（5）对所诊断的设备和查对的特征气体组分要有重点、有区别。因为正常运行设备油中气体含量的绝对值与变压器的容量、油量、运行方式、运行年限等有密切关系，因此，查注意值对不同的设备（例如 500kV 设备）应有所区别。对于国外进口设备，其内部结构与用油型号等有所不同，国内标准只能作为参考。

（6）表 2-7、表 2-8 所列数值不适用于从气体继电器放气嘴放出的气样。

（7）对 330kV 及以上的电抗器，当出现小于 1μL/L 乙炔时也应引起注意，如气体分析虽已出现异常，但判断不危及绕组和铁芯安全时，可在超注意值情况下运行。

二、根据故障点的产气速率判断

产气速率与故障产生能量大小、故障部位、故障点的温度等情况有直接关系，DL/T 722—2014 推荐两种方式表示产气速率，即绝对产气速率和相对产气速率。

（一）绝对产气速率

绝对产气速率是每个运行日产生某种气体组分的体积，按式（3-3）计算。

$$r_a = \frac{C_{i2} - C_{i1}}{\Delta t} \times \frac{G}{\rho} \qquad (3\text{-}3)$$

式中 　γ_a ——绝对产气速率，mL/d；

C_{i2} ——第二次取样测得油中某气体浓度，μL/L；

C_{i1} ——第一次取样测得油中某气体浓度，μL/L；

Δt ——二次取样时间间隔中的实际运行时间，d；

G ——设备总油量，t；

ρ ——油的密度，t/m^3。

（二）注意值

变压器和电抗器绝对产气速率的注意值，见表 3-2。

表 3-2 变压器和电抗器绝对产气速率的注意值 mL/d

气体组分	开放式	隔膜式
总烃	6	12
乙炔	0.1	0.2
氢	5	10
一氧化碳	50	100
二氧化碳	100	200

注 当产气速率达到注意值时，应缩短检测周期，进行追踪分析。

（三）相对产气速率

1. 定义

相对产气速率是每运行月（或折算到月）某种气体含量增加原有值的百分数的平均值，按式（3-4）计算。

$$r_{\mathrm{r}} = \frac{C_{i2} - C_{i1}}{C_{i1}} \times \frac{1}{\Delta t} \times 100\% \qquad (3\text{-}4)$$

式中　r_{r} ——相对产气速率，%/月；

C_{i2} ——第二次取样测得油中某气体浓度，μL/L；

Δt ——二次取样分析时间间隔的实际运行时间，月。

2. 注意值

相对产气速率可以用来判断充油电气设备内部状况，总烃的相对产气速率大于 10% 时应引起注意。对总烃起始含量很低的设备不宜采用此判据。

3. 应用注意值法与产气速率法的注意事项

当油中溶解气体含量达到注意值时，应同时注意产气速率。短期内各种气体含量迅速增加，但尚未超过注意值，也可判断设备内部有异常状况。有的设备因某些原因使气体含量基值较高，超过了注意值，但增长速率低于表 3-2 产气速率的注意值，仍可认为是正常设备。

三、根据特征气体法判断

（1）在运用注意值初步判断变压器内部可能存在故障时，可以进一步采用表 3-3 中不同故障类型的产气特征的特征气体法，对设备故障性质进行识别。

表 3-3 不同故障类型的产气特征

故障类型		主要组分	次要组分
过热	油	CH_4、C_2H_4	H_2、C_2H_6
	油+纸绝缘	CH_4、C_2H_4、CO、CO_2	H_2、C_2H_6
电弧放电	油	H_2、C_2H_2	CH_4、C_2H_4、C_2H_6
	油+纸绝缘	H_2、C_2H_2、CO、CO_2	CH_4、C_2H_4、C_2H_6
油、纸绝缘中局部放电		H_2、CH_4、CO	C_2H_2、C_2H_6、CO_2
油中火花放电		C_2H_2、H_2	—
进水受潮或油中气泡放电		H_2	—

（2）应用特征气体法判断时的注意事项包括：

1）乙炔（C_2H_2）是区分过热和放电两种故障的主要指标。但大部分过热故障，特别是出现高温热点时，也会产生少量乙炔（C_2H_2），因此不能认为凡是有乙炔（C_2H_2）出现，都视为放电故障。另外，低能量的局部放电，并不产生乙炔（C_2H_2）或仅产生很少量的乙炔（C_2H_2）。

2）氢气（H_2）是油中发生放电分解的特征气体，但是氢气（H_2）的产生的原因很多，在识别故障性质时，要加以分析判断。当氢气（H_2）含量增大，而其他组分不增加时有可能是以下原因：

a. 设备进水或有气泡存在，引起水和铁的化学反应产生氢气（H_2）；

b. 在较高的电场强度作用下，水或气体分子分解产生氢气（H_2）；

c. 由电晕作用产生氢气（H_2）；

d. 如果伴随着氢气（H_2）含量超标，一氧化碳（CO）、二氧化碳（CO_2）含量较大，可能是固体绝缘材料受潮后热老化所致。

（3）在正常情况下，变压器内部的绝缘油及固体绝缘材料，在热和电的作用下，逐渐老化和受热分解，也会缓慢地产生少量的氢和低分子烃类，以及一氧化碳（CO）和二氧化碳（CO_2）气体。在识别故障性质时，要注意区分绝缘材料正常老化和设备故障产生的气体。

四、改良三比值法

（一）编码规则

采用五种气体的三对比值作为判断充油电气设备故障的主要方法。其编码规则和故障类型判断方法见表 3-4 和表 3-5。

（二）应用原则

（1）只有在气体各组分含量或气体增长率超过注意值，判断设备可能存在故障时，才能进一步用三比值法判断其故障的类型；对于气体含量正常的设备，比值没有意义。

表 3-4 改良三比值法编码规则

气体比值范围	比值范围的编码		
	$\dfrac{CH_4}{H_2}$	$\dfrac{CH_4}{H_2}$	$\dfrac{C_2H_4}{C_2H_6}$
<0.1	0	1	0
≥0.1～<1	1	0	0
≥1～<3	1	2	1
≥3	2	2	2

表 3-5 故障类型的判断方法

编码组合			故障类型判断	故障实例（参考）
$\dfrac{CH_4}{H_2}$	$\dfrac{CH_4}{H_2}$	$\dfrac{C_2H_4}{C_2H_6}$		
0		1	低温过热（低于 150℃）	绝缘导线过热，注意 CO 和 CO_2 的含量，以及 CO_2/CO 值
	2	0	低温过热（150～300）℃	分接开关接触不良，引线夹件螺钉松动或接头焊接不良，涡流引起铜过热，铁芯漏磁，局部短路，层间绝缘不良，铁芯多点接地等
	2	1	中温过热（300～700）℃	
	0，1，2	2	高温过热（高于 700℃）	
1	1	0	局部放电	高湿度、高含气量引起油中低能量密度的局部放电
	0，1	0，1，2	低能放电	引线对电位未固定的部件之间连续火花放电，分接抽头引线和油隙闪络，不同电位之间油中火花放电或悬浮电位之间的火花放电
	2	0，1，2	低能放电兼过热	
2	0，1	0，1，2	电弧放电	线圈匝间、层间短路，相间闪络，分接头引线间油隙闪络，引线对箱壳放电，线圈熔断，分接开关飞弧，因环路电流引起电弧，引线对其他接地体放电等
	2	0，1，2	电弧放电兼过热	

（2）跟踪过程中应注意设备的结构与运行情况，尽量在相同的负荷和温度下并在相同的位置取样。

（3）特征气体的比值，应在故障下不断产气进程中进行监视才有意义。如果故障产气过程停止或设备已停运多时，将会使组分比值发生某些变化而带来判断误差。

（4）假如发现气体比值和以前不同，可能有新故障叠加上老的故障或正常老化的产气上，为了得到新故障的比值，要从最后一次的分析结果中减去上一次的分析数据，并重新计算比值。

（5）由于溶解气体分析本身存在试验误差，气体比值存在某些不确定性，应注意各种可能降低精确度的因素。

五、其他方法

（一）溶解气体分析解释表

国际电工委员会提出的利用特征气体的三对比值，将所有故障类型分为六种情况，这六种情况适合于所有类型的充油电气设备，见表 3-6；另外利用特征气体的三对比值对于局部放电、低能量和高能量放电给出简便的区别，见表 3-7。

表 3-6 溶解气体分析解释表

情况	特征故障	$\dfrac{CH_4}{H_2}$	$\dfrac{CH_4}{H_2}$	$\dfrac{C_2H_4}{C_2H_6}$
PD	局部放电	NS[①]	<0.1	<0.2
D1	低能量局部放电	>1	0.1~0.5	>1
D2	高能量局部放电	0.6~2.5	0.1~1	>2
T1	热故障 $t<300℃$	NS[①]	>1 但 NS[①]>1	<1
T2	热故障 $300℃<t<700℃$	<0.1	>1	1~4
T3	热故障 $t>700℃$	<0.2	>1	>4

注 1　上述比值在不同地区可稍有不同。

　　2　以上比值在上述气体之一超过正常值并超过正常增长率时计算才有效。

　　3　在互感器中 $CH_4/H_2<0.2$ 时为局部放电，在套管中 $CH_4/H_2<0.7$ 时为局部放电。

　　4　气体比值落在极限范围之外，不对应本表中的某个故障特征，可认为是混合故障或一种新的故障。

①　NS 表示无论什么数值均无意义。

表 3-7 溶解气体分析解释简表

情况	特征故障	$\dfrac{CH_4}{H_2}$	$\dfrac{CH_4}{H_2}$	$\dfrac{C_2H_4}{C_2H_6}$
PD	局部放电	—	<0.2	—
D	低能量或高能量放电	>0.2	—	—
T	热故障	<0.2	—	—

（二）比值判断法

1. 关于 CO 和 CO_2 的判据

经验证明，当怀疑设备固体绝缘材料老化时，一般 $CO_2/CO>7$。当怀疑故障涉及固体绝缘材料时（高于 200℃），可能 $CO_2/CO<3$，必要时，应从最后一次的测试结果中减去上一次的测试数据，重新计算比值，以确定故障是否涉及固体绝缘。

对于运行中的设备，随着油和固体绝缘材料的老化，一氧化碳（CO）和二氧化碳（CO$_2$）会呈现有规律的增长，当这一增长趋势发生突变，应与其他气体［甲烷（CH$_4$）、乙炔（C$_2$H$_2$）及总烃］的变化情况进行综合分析，以判断故障是否涉及固体绝缘。

2. O$_2$/N$_2$ 比值

一般在油中都溶解有氧气（O$_2$）和氮气（N$_2$），这是油在开放式设备的储油罐中与空气作用的结果，或密封设备泄漏的结果。在设备里，油中 O$_2$/N$_2$ 的比值接近 0.5。运行中由于油的氧化或纸的老化，这个比值可能降低，负荷和保护系统也可能影响这个比值。但当 O$_2$/N$_2$<0.3 时，一般认为是氧被极度消耗。

3. C$_2$H$_2$/H$_2$ 比值

在电力变压器中，有载调压操作产生的气体与低能量放电的情况相符。假如有载调压油箱与主油箱之间相通，或各自的储油罐之间相通，有载调压油箱中的油中溶解气体可能污染主油箱的油，并导致误判。主油箱中 C$_2$H$_2$/H$_2$>2，可认为有载调压污染，这种情况气体可利用比较主油箱和储油罐的油中溶解气体浓度来确定。气体比值和乙炔浓度值与有载调压的操作次数和产生污染的方式有关（通过油或气）。

4. 气体比值的图示法

利用气体的三比值，在立体坐标图上建立的立体图示法可方便地直观不同类型故障的发展趋势，见图 3-1。利用甲烷（CH$_4$）、乙炔（C$_2$H$_2$）和乙烷（C$_2$H$_4$）的相对含量，在三角形坐标图上判断故障类型的方法也可辅助这种判断，大卫三角形图示法见图 3-2，区域极限值见表 3-8。

表 3-8   大卫三角形图区域极限

PD 局部放电	98% CH$_4$	—	—	—
D1 低能量局部放电	23% C$_2$H$_4$	13% C$_2$H$_2$	—	—
D2 高能量局部放电	23% C$_2$H$_4$	13% C$_2$H$_2$	38% C$_2$H$_4$	29% C$_2$H$_2$
T1 热故障 t<300℃	4% C$_2$H$_2$	10% C$_2$H$_4$	—	—
T2 热故障 300℃<t<700℃	4% C$_2$H$_2$	10% C$_2$H$_4$	50% C$_2$H$_4$	—
T3 热故障 t>700℃	15% C$_2$H$_2$	50% C$_2$H$_4$	—	—

注　$C_2H_2 = \dfrac{X \times 100\%}{X + Y + Z}$，$X = [C_2H_2]$，单位 μL/L；

　　$C_2H_4 = \dfrac{Y \times 100\%}{X + Y + Z}$，$Y = [C_2H_4]$，单位 μL/L；

　　$C_2H_6 = \dfrac{Z \times 100\%}{X + Y + Z}$，$Z = [C_2H_6]$，单位 μL/L。

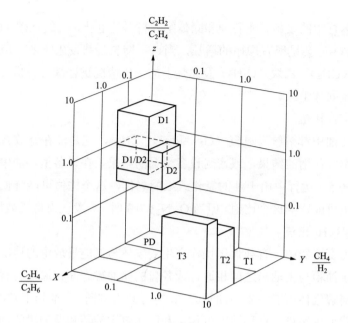

图 3-1　立体图示法

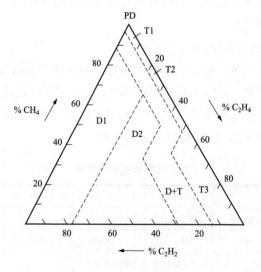

图 3-2　大卫三角形图示法

六、平衡判据

在气体继电器中聚集有游离气体时，使用平衡判据进行判断。

当气体继电器发出信号时，除应立即取气体继电器中的游离气体进行色谱分析外，还应同时取油样进行溶解气体分析，并比较油中溶解气体与继电器中的游离气体浓度，以判断游离气体与溶解气体是否处于平衡状态。

（一）故障的产气速率和故障的能量的关系

所有故障的产气速率均与故障的能量释放紧密相关。

（1）对于能量较低、气体释放缓慢的故障（如低温热点或局部放电），所生成的气体大部分溶解于油中，就整体而言，基本处于平衡状态。

（2）对于能量较大（如铁芯过热）造成故障气体释放较快，当产气速率大于溶解速率时可能形成气泡。在气泡上升的过程中，一部分气体溶解于油中（并与已溶解于油中的气体进行交换），改变了所生成气体的组分和含量。未溶解的气体和油中被置换出来的气体，最终进入继电器而积累下来。

（3）对于有高能量的电弧性放电故障，大量气体迅速生成，所形成的大量气泡迅速上升并聚集在继电器里，引起继电器报警。这些气体几乎没有机会与油中溶解气体进行充分交换，因而远没有达到平衡。如果长时间留在继电器中，某些组分，特别是电弧性故障产生的乙炔，很容易溶于油中，而改变继电器里的游离气体组分，甚至导致错误的判断结果。

（二）比较方法

首先要把自由气体中各组分的浓度值利用各组分的奥斯特瓦尔德系数 K_i 按式（3-5）计算出平衡状况下油中溶解气体的理论值，再与从油样分析中得到的溶解气体组分的浓度值进行比较。

$$C_{o,i} = k_i \times C_{g,i} \tag{3-5}$$

式中　$C_{o,i}$ ——油中溶解组分 i 浓度的理论值，μL/L；

　　　$C_{g,i}$ ——继电器中自由气体中组分 i 的浓度值，μL/L；

　　　k_i ——组分 i 的奥斯特瓦尔德系数，见表 2-6。

（三）判断方法

（1）如果理论值和油中溶解气体的实测值近似相等，可认为气体是在平衡条件下释放出来的。这里有两种可能：一种是故障气体各组分浓度均很低，说明设备是正常的，应搞清楚这些非故障气体的来源及继电器报警的原因；另一种是溶解气体浓度略高于理论值，则说明设备存在较缓慢地产生气体的潜伏性故障。

（2）如果气体继电器内的故障气体浓度明显超过油中溶解气体浓度，说明释放气体较多，设备内部存在产生气体较快的故障，应进一步计算气体的增长率。

（3）判断故障性质的方法，原则上与油中溶解气体相同，但是如上所述，应将自由气体浓度换算为平衡状况下溶解气体浓度，然后计算比值。

七、案例介绍

（一）铁芯多点接地故障举例

（1）铁芯多点接地故障，油中溶解气体的色谱分析具有以下特征：

1）总烃含量超过规定的注意值，其中乙烯（C_2H_4）和甲烷（CH_4）占比较高，乙炔（C_2H_2）含量低或没有变化，即达不到导则规定的注意值；一氧化碳（CO）变化很少或不变，但有时色谱分析中出现乙炔（C_2H_2）时，可能反映间歇型接地故障。

2）总烃产气速率常超过表 3-2 中的注意值，其中乙烯（C_2H_4）产气速率急剧上升。

3）改良三比值编码为 022，改良三比值判断类型为高温过热（高于 700℃）故障。

（2）故障举例。某 220kV 变电站 2 号主变压器，按正常周期取本体油样进行色谱分析，发现总烃超出注意值，而后进行跟踪，历次色谱分析结果数据见表 3-9。

表 3-9　　　　　　　　　　油中溶解气体色谱分析数据　　　　　　　　μL/L

序号	取样时间	H_2	CH_4	C_2H_6	C_2H_4	C_2H_2	C_1+C_2	CO	CO_2	结论
1	2005-9-20	26	126.2	43.5	155.5	0.1	325.3	924	3559	总烃超出注意值
2	2005-10-4	25	80.8	23.9	91.9	0.1	196.7	629	2301	总烃超出注意值
3	2005-10-18	35	112.6	32.8	119.7	0.1	265.2	853	2398	总烃超出注意值
4	2005-11-2	26	135.4	38.1	148	0.1	321.6	1017	3164	总烃超出注意值
5	2005-11-16	37	109.3	36.1	115.4	0.1	260.9	694	2732	总烃超出注意值
6	2005-11-30	22	95.2	26.1	100.8	0.0	222.1	706	1822	总烃超出注意值
7	2005-12-23	29	98.7	22.6	92.4	0.1	213.8	700	1954	总烃超出注意值
8	2006-1-17	35	77.8	20.3	80.1	0.1	178.3	567	1733	总烃超出注意值
9	2006-2-15	33	98.1	25.8	107.7	0.1	231.7	705	2664	总烃超出注意值

由表 3-9 可知，该台主变压器的色谱分析数据具有以下特点：

1）总烃含量超过规定的注意值，而且乙烯（C_2H_4）和甲烷（CH_4）占较大比重，超过氢烃总量的 80%，符合过热故障的产气特征。

2）乙炔（C_2H_2）含量低，没有达到导则规定的注意值。

3）一氧化碳（CO）变化无明显化。

4）选用 2005 年 10 月 4 日的测试数据，进一步计算比值：

$$\frac{CH_4}{H_2} = 0.1/91.9 = 0.001；\quad \frac{CH_4}{H_2} = 80.8/25 = 3.2；\quad \frac{C_2H_4}{C_2H_6} = 91.9/23.9 = 3.8$$

采用溶解气体分析解释表进行判断，$\frac{CH_4}{H_2} < 0.1$；$\frac{CH_4}{H_2} > 1$；$\frac{C_2H_4}{C_2H_6}$ 1～4 属于 300℃＜t＜700℃热故障。

采用改良三比值法进行判断，编码为 022，属于高温过热（高于 700℃）故障。

在吊罩检修查找故障时，发现上夹件与铁芯之间有金属异物，造成铁芯多点接地。

（二）有载开关绝缘筒与变压器本体渗漏故障举例

（1）有载开关绝缘筒与本体渗漏故障，油中溶解气体的色谱分析具有以下特征：

1）乙炔（C_2H_2）超出注意值，且乙炔（C_2H_2）含量不断增长；

2）具有低能量放电特征；

3）一氧化碳（CO）、二氧化碳（CO_2）无明显增加。

（2）故障举例。某 110kV 变电站 2 号主变压器，按正常周期取本体油样进行色谱分析，发现乙炔（C_2H_2）超出注意值，而后进行跟踪，每月测试一次，具体色谱分析数据见表 3-10。

表 3-10　　　　　　　　　油中溶解气体色谱分析数据　　　　　　　　　μL/L

序号	取样时间	H_2	CH_4	C_2H_6	C_2H_4	C_2H_2	C_1+C_2	CO	CO_2	结论
1	2007-8-7	32	12.1	3.2	4.3	3.7	23.3	486	4179	正常
2	2008-1-17	34	12.7	3.2	4.9	6.9	27.7	446	4038	乙炔超出注意值
3	2008-1-24	35	12.1	2.9	5.1	6.5	26.6	453	3730	乙炔超出注意值
4	2008-2-20	33	10.6	2.9	4.3	6.4	24.2	385	3453	乙炔超出注意值
5	2008-3-15	35	13.9	3.3	5.8	8.2	31.2	489	4328	乙炔超出注意值
6	2008-3-27	39	13.2	3.1	5.1	8.0	29.4	494	4104	乙炔超出注意值
7	2008-4-15	35	12.9	3.1	5.1	7.6	28.7	468	4045	乙炔超出注意值
8	2008-5-12	34	13.3	3.2	5.2	7.7	29.4	473	4007	乙炔超出注意值

选用 2008 年 1 月 17 日的测试数据，进一步计算比值：

$$\frac{CH_4}{H_2} = 6.9/4.9 = 1.41；\quad \frac{CH_4}{H_2} = 12.7/34 = 0.37；\quad \frac{C_2H_4}{C_2H_6} = 4.9/3.2 = 1.53$$

1）采用溶解气体分析解释表进行判断，$\dfrac{CH_4}{H_2}>1$；$\dfrac{CH_4}{H_2}$ 0.1～0.5；$\dfrac{C_2H_4}{C_2H_6}>1$ 属于低能量局部放电。

2）采用改良三比值法进行判断，编码为 101，属于低能量放电故障。

3）乙炔（C_2H_2）含量超出注意值，且有不断增长的趋势，但一氧化碳（CO）、二氧化碳（CO_2）无明显增加。

经检修人员现场检查，发现有载开关绝缘筒与本体渗漏，造成主变压器本体油受到污染，油中溶解乙炔（C_2H_2）含量超出注意值。

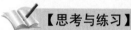

【思考与练习】

（1）运用绝缘油中溶解气体的分析及判断的主要方法有哪些？

（2）试列表说明不同故障类型的产气特征。

（3）什么是改良三比值法？它在判断故障类型时应注意哪些事项？

（4）什么是溶解气体分析解释表？

（5）产气速率包括哪两种？它在判断故障时如何使用？

（6）什么叫平衡判据？它在判断故障上有什么用处？

第三节　充油电气设备的故障分析及处理

本节包含充油电气设备的典型故障、判断设备故障的步骤和常用的处理方法。通过对典型故障和常用的处理方法的介绍，帮助读者掌握充油电气设备典型故障，使其具备对故障设备进行分析处理的能力。

一、充油电气设备的典型故障

（一）电力变压器的典型故障

电力变压器的典型故障主要有放电和过热两大类，故障类型和举例详见表 3-11。

表 3-11　　　　　　　　　　电力变压器的典型故障

故障类型	举例
局部放电	由不完全浸渍、高湿度的纸，油过饱和或空腔造成的充气空腔中的局部放电，并导致形成 X-蜡
低能量放电	不良连接形成不同电位或悬浮电位，造成的火花放电或电弧，可发生在屏蔽环、绕组中相邻的线饼间或导体间，以及连线开焊处或铁芯的闭合回路中

续表

故障类型	举例
低能量放电	夹件间、套管与箱壁、线圈内的高压和地端的放电。 木质绝缘块、绝缘构件胶合处，以及绕组垫块的沿面放电。油击穿、选择开关的切断电流
高能量放电	局部高能量或由短路造成的闪络、沿面放电或电弧。 低压对地、接头之间、线圈之间、套管和箱体之间、铜排和箱体之间、绕组和铁芯之间的短路；环绕主磁通的两个邻近导体之间的放电；铁芯的绝缘螺丝、固定铁芯的金属环之间的放电
过热 $t<300℃$	在救急状态下，变压器超铭牌运行；绕组中油流被阻塞。 在铁轭夹件中的杂散磁通量
过热 $300℃<t<700℃$	螺栓连接处（特别是铝排）、滑动接触面、选择开关内的接触面（形成积碳），以及套管引线和电缆的连接接触不良。 铁轭处夹件和螺栓之间、夹件和铁芯叠片之间的环流，接地线中的环流，以及磁屏蔽上的不良焊点和夹件的环流。 绕组中平行的相邻导体之间的绝缘磨损
过热 $t>700℃$	油箱和铁芯上的大的环流。 油箱壁未补偿的磁场过高，形成一定的电流。 铁芯叠片之间的短路

（二）互感器的典型故障

互感器典型故障主要有放电和过热两大类，故障类型和举例详见表 3-12。

表 3-12 互 感 器 的 典 型 故 障

故障类型	举例
局部放电	纸不完全浸渍造成充气空腔、纸中水分、油的过饱和，以及纸的皱纹或重叠处造成局部放电，生成 X-蜡沉积，介质损耗增加。 对于电流互感器，附近变电站母线系统开关操作导致局部放电；对于电容型电压互感器，电容器元件边缘上的过电压引起的局部放电
低能量放电	连接松动或悬浮的金属带附近火花放电。 纸上有沿面放电。 静电屏蔽中的电弧
高能量放电	电容型均压箔片之间的局部短路，带有局部高密度电流，能导致金属箔局部熔化。 短路电流具有很大的破坏性，结果造成设备击穿或爆炸
过热	X-蜡的污染、受潮或错误地选择绝缘材料，都可引发纸的介质损耗过高，从而导致纸绝缘中产生环流，并造成绝缘过热和热崩溃。 连接点接触不良或焊接不良。 铁磁谐振造成电磁互感器过热。 在铁芯片边缘上的环流

（三）套管的典型故障

套管典型故障主要有放电和过热两大类，故障类型和举例详见表 3-13。

表 3-13   套 管 的 典 型 故 障

故障类型	举 例
局部放电	纸受潮、不完全浸渍、油的过饱和，或纸被 X—蜡沉积物污染，造成充气空腔中的局部放电；也可能在运输期间把松散的绝缘纸弄皱、弄折，造成局部放电
低能量放电	电容末屏连接不良引起的火花放电。 静电屏蔽连接线中的电弧。 纸上有沿面放电
高能量放电	在电容均压金属箔片间的短路，局部高电流密度能熔化金属箔片，但不会导致套管爆炸
热故障 $300\text{℃}<t<700\text{℃}$	由于污染或绝缘材料选择不合理引起的高介质损耗，从而造成纸绝缘中的环流，并造成热崩溃。 套管屏蔽间或高压引线接触不良，温度由套管内的导体传出

二、判断设备故障的步骤

正常运行下，变压器等充油电气设备内部的绝缘油和绝缘材料，在热和电的作用下，会逐渐老化和分解，产生少量的各种低分子烃类气体及一氧化碳（CO）、二氧化碳（CO_2）等气体。在设备热和电故障的情况下也会产生这些气体，这两种气体来源在技术上不能区分，在数值上也没有严格的界限。而且与负荷、温度、油中的含气量、油的保护系统和循环系统，以及取样和测试的许多因素有关。因此在判断设备故障时，首先要对是否存在故障进行识别，而后对于故障性质、故障严重程度与发展趋势进一步判断，最后进行综合分析并提出处理措施。

（一）故障的识别

依据标准或规程中对于充油电气设备检测周期的规定，定期对运行设备进行检测。对设备油中溶解气体进行多次准确的分析测试，得到可靠数据，通过比较注意值、考查产气速率和调查设备状况，判明设备有无故障。

（1）比较特征气体含量分析数据是否超过注意值。按出厂和投运前设备气体含量、运行中设备油中溶解气体的注意值两大类进行分析判断，对于总烃、甲烷（CH_4）、乙炔（C_2H_2）、氢气（H_2）含量超出注意值的设备，进行追踪分析，查明原因。

（2）考查特征气体的产气速率是否超过注意值。考察产气速率不仅可以进一步确定有无故障，还可对故障的性质做出初步的估计。利用绝对产气速率注意值和相对产气速率注意值进行判断，对于特征气体的产气速率超过注意值的设备，应缩短检测周期，监视故障的发展趋势；必要时立即停止运行。

（3）利用油中溶解气体色谱测试数据进行故障诊断时，上述两种方法应结合使用，对于短期内特征气体含量迅速增高，但尚未超出注意值的设备，可判断为内部有异常状况；对于设备因某种原因气体含量基值较高，超过特征气体含量的注意值，但增长速率低于产气速率注意值的，仍可认为是正常设备。

（二）故障性质、故障严重程度与发展趋势判断

（1）当认为设备内部存在故障时，应计算特征气体的比值，并应用改良三比值法或溶解气体分析解释表，结合特征气体法以及对油中一氧化碳（CO）和二氧化碳（CO_2）气体进行分析等方法进一步判断故障性质。

（2）对于故障性质初步做出判断后，应对故障设备进行监视、跟踪，以了解故障的严重程度和发展趋势。在运用三比值法的基础上，还可运用气体继电器中的自由气体使用平衡判据等方法进行分析判断。

1）当故障变压器在运行中气体继电器内有气体聚集或引起气体继电器动作时，往往反映出故障向更严重的程度发展。通常以气体继电器中的气体颜色与故障性质的关系来粗略判断变压器内的故障，见表3-14。

表 3-14　　　　　气体继电器中的气体颜色与故障性质的关系

气体继电器中的气体颜色	故障性质
无色无味不能燃烧	无故障，气体为油内排出的空气
黄色不易燃	木质部分故障
灰白色有臭味	纸及纸板故障
灰色或黑色易燃	油故障（放电造成分解）

2）在气体继电器中聚集有游离气体时，应使用平衡判据，判断故障的持续时间与发展速度。

当气体继电器发出信号时，除应立即取气体继电器中的游离气体进行色谱分析外，还应同时取油样进行溶解气体分析，并比较油中溶解气体与继电器中的游离气体浓度，以判断游离气体与溶解气体是否处于平衡状态。

如果气体继电器内的故障气体浓度明显超过油中溶解气体浓度，说明释放气体较多，设备内部存在产生气体较快的故障，应进一步计算气体的增长率。

（三）综合分析与提出处理措施

运用油中溶解气体分析对运行设备内部早期故障的诊断是灵敏有效的，为了弥补它在故障的诊断上的不足之处，在判断故障时，应根据设备运行的历史状况、设备的结构特点和外部环境等，同时结合电气试验，油质分析以及设备运行、检修等情况进行综合分析，对故障的部位、原因，绝缘或部件的损坏程度等做出准确的判断，从而制定出适当的处理措施。

（1）设备典型故障常用的处理方法。

1）过热性故障检查与处理，见附录 A；

2）放电性故障检查与处理，见附录 B；

3）绕组变形故障检查与处理，见附录 C；

4）绝缘受潮故障检查与处理，见附录 D。

（2）处理措施。在对故障进行综合分析，判明故障的存在及其性质、部位、发展趋势等情况的基础上，研究制定对设备应采取的不同处理措施，目的是确保设备的安全运行，避免无计划停电、合理安排检修和防止设备损坏事故。

（3）故障处理程序如图 3-3 所示。

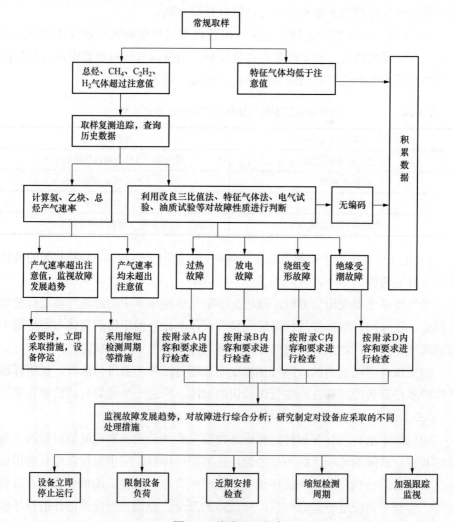

图 3-3　故障处理程序

【思考与练习】

（1）简述电力变压器的典型故障。

（2）简述互感器和套管典型故障。

（3）判断设备故障的步骤有哪些？

（4）简述变压器过热故障的检查项目和处理步骤。

（5）简述变压器放电故障的检查项目和处理步骤。

（6）当怀疑变压器存在绝缘受潮情况时，应该如何处理？

第四章

变压器油在线监测技术

第一节　在线监测装置原理与特点

本节包含变压器油在线监测系统的理论介绍。通过了解变压器油在线监测系统的一般结构组成等内容，帮助读者掌握正确使用变压器油在线监测系统。

一、概述

自 20 世纪 70 年代，电力系统开始进行变压器油中的溶解气体分析研究工作，30 多年的实践表明，利用气相色谱法分析变压器油中的溶解气体组分含量，是分析判断运行中变压器是否存在故障的有效手段。定期的实验室色谱分析方法，由于受到检测周期的影响，很难及时发现变压器内部的潜伏性故障，并且检测过程比较复杂，要求相关人员的理论和操作水平比较高，给监测工作的开展和普及带来一定的难度。在高电压等级变压器上，安装变压器油色谱在线监测系统，实现变压器油色谱的在线监测，可及时发现电力变压器运行过程中的潜在故障，实现电力变压器故障的监测和预警。

20 世纪 80 年代末及 90 年代初，电力系统的一些单位尝试了油色谱在线监测设备的研究工作，利用变压器故障都产生氢气组分的特征，研制了单一氢报警设备。氢报警设备采用渗透膜法进行采集分析并对其进行分析判断。近年来，随着科学技术的不断发展进步，无论是单一氢报警设备，还是多组分多功能的在线色谱监测装置，其分析数据的准确性和整机的可靠性不断提高，其整机性能也越来越稳定，在线色谱监测装置在电力系统中已获得了用户的逐步认可，大型电力变压器上安装的在线色谱监测装置也越来越多。

二、在线色谱基本术语

（一）在线色谱监测系统

当变电设备带电运行时，可用于对变电设备的色谱状态参数进行连续监测，也可按要求以较短的周期进行定时在线检测。一般由色谱监测单元、通信控制单元和主站单元等组成。

（二）色谱监测单元

一般是通过传感器将变电设备的油中气体组分的浓度参数转换为可测的电压或电流量，然后进行信号采集、调理、模数转换和预处理等，形成色谱测量数据，并可将数据上传。该单元一般安装在变电设备的运行现场。

（三）通信控制单元

完成主站单元对色谱监测单元通信及控制，采用现场工业总线方式，将色谱监测单元采集和经处理的监测数据通过可靠的通信介质，正确无误地传送到计算机数据处理系统。通信和控制单元是专用的通信和控制程序，该程序可运行在专用通信和控制计算机中，也可运行在主站单元的主计算机中。

（四）主站单元

即计算机数据处理系统。主站单元可以是由一台或多台计算机组成，可实现对色谱监测数据的同步测量、通信和远传管理、存储管理、查询显示和分析。主站单元数据处理服务器一般安装在主控制室，可接入局域网。

（五）电磁环境

存在于给定场所的所有电磁现象的综合。

（六）电磁干扰

会引起设备、传输通道或系统性能下降的电磁骚扰。

（七）电磁兼容性

设备或系统在其电磁环境中能正常工作且不对该环境中任何事物构成不能承受的电磁骚扰。

（八）色谱数据重复性或精度

以反映多组分监测系统在短时间（如1d）内对同一油源多次采样所得数据的差异性。

（九）色谱数据再现性

对于多组分监测系统，指由同一油源取的多个油样进行试验时的差异性。如在多个系统中试验称为系统之间的再现性；如以同一系统在较长时间（如在连续的几个月中每周测试或每月测试）中数据的比较，称为该系统的再现性。

（十）色谱数据准确度

指实验室里根据标准程序所准备的油中气体样品与该系统的测量值间的差异。对于准确度，厂内检测检查时应对比于标准程序所准备的油中气体样品的差异来标定。而现场可暂以同一油样与实验室用精密色谱仪的测值间的差异作为现场校核，即以此暂作为现场准确度的校核及标定。

三、在线色谱监测装置的系统结构

（一）在线监测系统的监测单元

为从高压设备中安全地抽采被测的信号，一般是通过传感器将变电设备的电气、物理和化学等状态参数转换为可测的电压或电流量，然后进行信号采集、调理、模数转换和预处理等，形成状态监测量数据，并可将数据上传。该单元一般安装在变电设备的运行现场。

1. 油气分离

无论采取何种方式进行气体组分的检测分析，可以说油气分离系统是一个关键过程，油气分离效率的好坏直接影响着测试结果的准确与否。油气分离一般采用真空法、膜渗透法等进行油中溶解气体的分离脱出过程。

2. 气体组分的分离

油中溶解的气体脱出后，一般经过色谱柱将各种组分按一定的样品保留时间分离开来，为后面的检测器测量各组分提供条件。

3. 检测单元

将气体组分依据气体特性，使用色谱检测器法、阵列式传感器法、红外光谱法、光声光谱法等测试气体的含量信号，检测单元如图 4-1 所示。

4. 外围附件

一般外围附件包括载气钢瓶、排油桶、温控、进出油管路等。

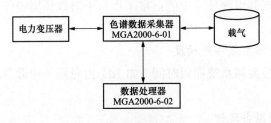

图 4-1　检测单元

（二）在线监测系统的主站单元

即计算机数据处理系统。主站单元可以是由一台或多台计算机组成。可实现对监测数据的同步测量、通信和远传管理、存储管理、查询显示和分析。主站单元数据处理服务器一般安装在主控制室，可接入局域网。

主站单元一般位于变电站主控室，通过通信和控制单元及工业控制总线完成对现场监测数据的采集和传输，并具备本站的监测数据库。

主站单元硬件上一般包括一台或多台工业控制计算机及外围设备，与通信和控制单元的接口，以及与其他数据网络的接口。主站系统是全系统的核心，它的安全性和可靠性直接影响全系统稳定运行，因此，电源应采用不间断电源独立供电，通信模板应采用良好隔离措施，以防止由于异常干扰电压损坏主机。还应有防止主机死机的良好措施。

主站的核心部分在于其软件系统，它负责整个系统的运行控制，接收监测数据，并对数据进行处理、计算、分析、存储、打印和显示，以实现对监测到的设备状态数据的综合诊断分析和处理。还可通过电力公司的内部局域网进行与变电站主机的网络连接与数据上传。

主站还可实现对监测设备类型进行权重分类，对不同监测参量进行权重分类，由此进行综合的状态信息打分判断，最终发出状态信息提示（如正常、报警等）。

在线监测系统的一般结构形式如图 4-2 所示。

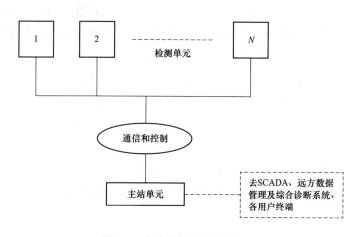

图 4-2　在线监测检测系统组成

（三）分析功能

对于在线监测系统所获取的数据，应进行综合的比较和分析，并结合被监测设备的运行工况、交接和预防性试验数据及其他信息，进行全面的分析。

在线色谱监测所测得的特征量主要是以"纵比"，即与同一设备连续监测的数据相比，如果"纵比"时特征量发生了突变或持续增大，表明主设备可能有某种潜伏性故障。

（四）信号传输

监测单元应配置 RS-232 就地数据通信接口、USB 接口或其他专用接口，并安装相应驱动程序，能将历史数据、实时数据及录波文件传送给装置外部的存储介质。

1. 光纤数据线

如选用 Ethernet 总线接口，监测装置应配置标准以太网接口卡，并安装 TCP/IP 标准网络通信程序实现信号数据的传输。

如选用 CAN 总线接口，监测装置应配置通用 CAN 网芯片，并编写安装应用层网络通信程序与 CAN 网芯片的驱动程序实现信号数据的传输。

如选用 RS-485 接口，监测装置应配置通用 RS-485 总线收发芯片，并编写安装自定义网络层协议和链路层协议并公布协议文本等实现信号数据的传输。

2. 无线传输

使用无线网络方式，安装相应的软件，实现数据的传输。

四、在线色谱仪器系统的测量过程原理

无论是实验室气相色谱仪，还是变压器上安装的在线色谱监测设备，其监测气体组分的基本过程都是类似的，所不同的是，实验室测试法是采集油样进行分析，而油色谱在线监测法是直接分析变压器中的油品。无论是采样分析（实验室法）还是在线直接分析，其测量原理（过程）皆为：

（1）采集一定体积的油样。实验室通常为 40mL，在线设备一般为 50～100mL 之间，由于分析时所需脱气体积的不同，所消耗的油品体积也存在很大差异。

（2）油品中的气体分离过程，即脱气。实验室一般为振荡脱气和真空脱气两种，在线设备的脱气方式有分离膜渗透法、顶空式取气法、真空脱气法以及其他取气方法等。

（3）气体组分的分离。实验室采用色谱分离柱，利用不同组分的保留时间不同，实现分析工作。在线色谱设备，有的含有色谱分离柱，有的不用分离通过传感器或者光电检测元件直接分析混合气体。

（4）检测器对各种气体组分进行分析，输出电信号。实验室色谱仪的检测器是 TCD 和 FID 两种。在线色谱仪的检测器，有的与实验室一致，有的使用单 TCD，有的使用气敏元件，有的使用光电检测器等。

（5）利用工作软件，对测量电信号与标准电信号进行计算，得出各种组分的结果。实验室用工作站，能够对结果进行初步的分析判断工作。

在线色谱的主站单元（主机），除了能够对结果进行初步的分析判断外，还能根据用户的设置，利用互联网光缆或者无线发射装置等，对用户发布监测结果异常或者设备故障的告警信息等。

五、在线监测装置的作用

（一）易于变压器的管理和维修

变压器油中溶解气体在线监测装置主要包括油中气体组分含量的检测和故障的诊断两大部分。现有的大多数在线监测装置主要功能是在线监测油中气体组分含量及超限值报警。采用在线监测装置的目的是实时或定时监视变压器的运行状态，诊断变压器内部存在的故障性质、类型、严重程度并预测缺陷的发展趋势，指导用户对变压器的管理和维修。

（二）变压器运行状态的动态监测

在线色谱监测的任务是检测油中溶解气体的值随检测时间的变化趋势，以便了解和掌握变压器的运行状态。结合其他在线监测项目，如局部放电等，对变压器运行状态进行评估，判断其处于正常或非正常状态，对状态给予显示、存储，并对异常状态予以超限值报警，以便用户及时给予处理，并为变压器的故障诊断分析提供信息数据。

（三）变压器故障的初步诊断

故障诊断的任务是根据状态监测获得的在线信息，专家系统结合被监测变压器自身的结构特性、参数及运行环境，考虑变压器的运行历史，即存储的运行记录，曾发生过的故障等，根据诊断判据对变压器已发生或可能发生的故障进行判断，确定故障的性质、类别、程度、原因、故障发生和发展的趋势甚至后果，提出控制故障继续发展和维修的对策。

（四）对变压器状态维修的指导

对于变压器等电气设备的定期预防性检修制度来说，虽然实践证明了对预防事故的发生起到很大的作用，但也可能出现过剩维修或不足维修的弊病，因此对变压器等电力设备执行科学合理的状态检制度，是确保电力设备经济运行的重要手段。状态检修工作主要依赖于在线监测和带电预防性试验等手段，其中在线监测技术发挥重要的预警作用，起到了电力设备安全运行保障第一道关口的作用，在线设备发现电力设备异常后，应及时进行相关的其他验证试验。

六、在线色谱监测装置的类型

近几年来，变压器油中溶解气体在线监测技术在国内外都是研究的热点，监测装置的开发也非常快，可从以下两个方面来分类。

（1）按油气分离方法来分类：分离膜渗透法、顶空式取气法、其他取气方法；

（2）按测试对象来分类：测单组分氢气、测可燃气总量、测各组分的单独含量（含2种、3种、4种、6种及以上组分）。

（一）按油气分离方法分类

1. 以高分子聚合物分离膜透气的在线监测装置

自高分子塑料分离膜问世，渗透出油中气体供气相色谱仪使用，并装于变压器上实现在线监测后，人们对渗透膜进行了大量研究，相继研制成功了聚酰亚胺、聚六氟乙烯、聚四氟乙烯等各种高分子聚合物分离膜，并研制出了各种在线监测装置。日本日立株式会社试制了一种聚四氟亚乙基全氟烷基乙烯基醚膜，利用高分子膜透气，利用三根色谱柱对各组分进行分离，电磁阀控制载气流量，并用催化燃烧型传感器制成了能测六个组分的在线色谱监测装置；这种装置的透气膜可以渗透氢气（H_2）、一氧化碳（CO）、甲烷（CH_4）、乙炔（C_2H_2）、乙烯（C_2H_4）和乙烷（C_2H_6）等各种烃类气体，但膜较柔软，并且不容易固定在容器上，必须把它贴在一个微熔化的，烧结而成的不锈钢盘上，运行中更换不方便；同时，因所选用传感器的原因，必须采用三根色谱柱把混合气体分开则色谱柱的更换也很困难。由于早先采用的聚酰亚胺等透气性能和耐老化差，而聚四氟乙烯的透气性能好，又有良好的机械性能和耐油等诸多优点，因此国内外普遍选用它作为油中溶解气体监测仪上的透气膜。

2. 波纹管顶空式分离技术

利用波纹管的不断往复运动，将变压器油中的气体快速地脱出，具有效率高、重复性好的优点，并且采用循环取油方式，油样具有代表性。

主要缺点是：由于顶空方式的油样与气样之间没有隔离，脱出的气样中会含有少量的油蒸汽，从而造成对色谱柱的污染，降低色谱柱的使用寿命；波纹管的寿命有限，同时由于波纹管的磨损，对油存在一定程度的污染。

3. 动态顶空式分离技术

主要原理是以载气在色谱柱之前往油中通气，将油中溶解气体置换出来，送入检测器检测，根据油中各组分气体的排出率调整气体的响应系数来定量。这种方式脱气速度较快，但由于要不断通入载气，所以不能使用循环油样以免载气进入变压器本体油箱，在脱气完毕后，必须把油样放掉，这样每次检测必然消耗少量的变压器油。

（二）按监测对象分类

对于油中溶解气体在线监测装置，按检测对象又可以分为三大类。

1. 测总的可燃气体含量

包括氢气（H_2）、一氧化碳（CO）和各种气态烃类含量的总和，例如日本三菱电力公司研制的可燃气体总含量检测装置，能监测出可燃气体的总含量，不能监测出某一油中溶解气体组分的单独含量，并且结构复杂、造价高。

2. 测单一组分氢气（H）的在线监测仪器

2. 测单一组分氢气（H_2）的在线监测仪器

模拟试验及实践证明，当变压器内部存在过热或局部放电时，所产生的分解气体都含有氢气（H_2），并与其他气体同时溶解在油中，由于这种装置以检测氢气（H_2）作为第一特征量。因此只适合于现场作故障的初步诊断，对确定故障需进一步作色谱分析进行二次诊断，如加拿大 SYPROTEC 公司生产的 **Hydran** 系列监测仪的在线监测装置等都属于这一类。

3. 测多种气体组分的在线监测装置

多种溶解气体在线监测装置，目前有测氢气（H_2）、甲烷（CH_4）和一氧化碳（CO）三个组分；测甲烷（CH_4）、乙烷（C_2H_6）、乙烯（C_2H_4）、乙炔（C_2H_2）四个组分；测氢气（H_2）、一氧化碳（CO）和四种烃类共六个组分；测氢气（H_2）、甲烷（CH_4）、乙烷（C_2H_6）、乙烯（C_2H_4）、乙炔（C_2H_2）、一氧化碳（CO）和二氧化碳（CO_2）共七个组分。这类装置智能化程度高，虽然结构复杂，造价也高，但从今后电气设备状态检修发展趋势来看，变压器油中溶解气体在线监测技术是发展的方向。

（三）常用在线监测技术

目前使用比较广泛的为多组分气体在线监测设备，从检测机理上讲，现有油中多组分气体检测产品大都采用以下四种方法：

1. 气相色谱法

气相色谱法检测原理是通过色谱柱中的固定相对不同气体组分的亲和力不同，在载气推动下，经过充分的交换，不同组分得到了分离，经分离后的气体通过检测器转换成电信号，经 A/D 采集后获得气体组分的色谱出峰图，根据组分峰高或面积进行浓度定量。大部分变压器在线监测产品都采用气相色谱法，这种方法具有以下的缺点：

（1）需要消耗载气。

（2）对环境温度很敏感。

（3）色谱柱进样周期较长。

2. 阵列式气敏传感器法

采用由多个气敏传感器组成的阵列，由于不同传感器对不同气体的敏感度不同，而气体传感器的交叉敏感是极其复杂的非线性关系，采用神经网络结构进行反复的离线训练可以建立各气体组分浓度与传感器陈列响应的对应关系，消除交叉敏感的影响，从而不需要对混合气体进行分离，就能实现对各种气体浓度的在线监测。其主要缺点如下：

（1）传感器漂移的累积误差对测量结果有很大的影响。

（2）训练过程（即标定过程）相当复杂，一般需要几十到100多个样本。

3. 红外光谱法

红外光谱气体检测原理基于气体分子吸收红外光的吸光度定律，即比耳定律。吸光度与气体浓度以及光程具有线性关系，由光谱扫描获得吸光度通过比尔定律计算可得到气体的浓度。这种方法具有扫描速度快、测量精度高的特点。

（1）其主要缺点如下：

1）由于采用精密光学器件，其维护量极大；

2）检测所需气样较多，至少要100mL；

3）对油蒸气、湿度很敏感。

（2）红外光谱检测的特点如下：

1）扫描速度极快，多次扫描结果累加可有效降低噪声；

2）具有很高的测量分辨率；

3）测量精度高，重复性可达0.1%；

4）不需载气；

5）不能测量氢气（H_2）。

4. 光声光谱气体检测原理

光声光谱检测技术基于光声效应，光声效应是由于气体分子吸收电磁辐射（如红外线）而造成。特定气体吸收特定波长的红外线后，温度升高，但随即以释放热能的方式退激，释放出的热能使气体产生成比例的压力波。压力波的频率与光源的斩波频率一致，并可通过高灵敏微音器检测其强度，压力波的强度与气体的浓度成比例关系。

光声光谱检测的特点如下：

（1）检测精度主要取决于气体分子特征吸收光谱的选择、窄带滤光片的性能和电容型驻极微音器的灵敏度；

（2）测量分辨率很高，可达亚ppb级；

（3）信号处理简单，采用锁相放大技术实现信号调理；

（4）分析所需样品量小，仅需2~3mL；

（5）不需载气；

（6）标定简单；

（7）缺点是对油蒸汽污染敏感；

（8）氢气无法响应导致不能测量，要测量氢气（H_2）只有另外加装氢气测量元件。

七、在线色谱监测装置的技术要求

（一）技术指标

可同时监测变压器油中溶解的氢气（H_2）、一氧化碳（CO）、甲烷（CH_4）、乙烯（C_2H_4）、乙炔（C_2H_2）、乙烷（C_2H_6）等六种以上气体组分及总烃的含量、各组分的相对增长率以及绝对增长速度，并能根据需要增加油中微水的监测功能。在线监测装置的基本技术指标见表 4-1。

表 4-1　　　　　　　　色谱在线监测装置的基本技术指标

序号	气体组分	最低检测限值	检测范围	精度
1	H_2	1μL/L	1～2000μL/L	±10%
2	CO	5μL/L	5～5000μL/L	±10%
3	CH_4	2μL/L	2～2000μL/L	±10%
4	C_2H_6	2μL/L	2～2000μL/L	±10%
5	C_2H_2	0.5μL/L	0.5～500μL/L	±10%
6	C_2H_4	2μL/L	2～2000μL/L	±10%
7	总烃	10μL/L	10～8000μL/L	±10%

（二）监测装置的性能要求

监测装置的性能要求如下：

（1）检测原理：采用气相色谱原理、红外光谱原理、激光光谱或红外光声光谱原理等。

（2）高精度定量分析，能长期连续监测。

（3）油气分离装置：油气分离装置应满足不消耗油、不污染油、循环取油以及免维护等前提条件，确保监测系统的取样方式不影响主设备的安全运行。

取样方式须采用循环取油方式,取样后的变压器油必须回到变压器本体内,不能直接排放,不能造成变压器油损耗。取样油必须能代表变压器中油的真实情况。

必须指出油气分离装置如果采用波纹管、变径活塞等真空脱气原理时，油样在脱气过程中存在补气（氮气洗脱）环节，补入的气体改变了油中的总含气量，因此，对采用真空脱气原理的油气分离装置，分析后的油样不能循环回变压器本体，除非说明有特殊的处理方法。

（4）能监测变压器油中溶解的氢气（H_2）、甲烷（CH_4）、乙烯（C_2H_4）、乙烷（C_2H_6）、乙炔（C_2H_2）、一氧化碳（CO）、六种以上气体组分。

（5）应该具有原始谱图查询功能，可以输出谱图，具有谱图基线自动跟踪功能。在线色谱监测仪器是根据谱图进行定量分析的，有了谱图以后，必须能够自动准确地识别出组分的峰位置，自动跟踪出谱图的真实基线，然后扣除基线，再计算出峰高或峰面积进行定量。

（6）气密性：气密性直接影响测量结果，尤其对于 500kV 变压器来说，仪器的气密性十分重要，如果气密性不好，气体会通过仪器的气路进入变压器油中，因此，在线色谱仪器应具有自带的气路气密性检测功能。

（7）整套监测系统通过国家或省级权威机构的产品性能测试，并提供测试报告和测试方法。

（三）验收试验（评价）

为了确保在线监测装置的品质，应实行全面严格的质量检验程序，其主要入网检验项目如下：

（1）准确度试验；

（2）模拟运行试验；

（3）现场校准试验；

（4）其他试验项目应该在设备出厂前完成并出具检测报告，包括外观质量检验、功能级质量检验、外机箱防撞击测试、密封性防水试验、管路打压试验、振动试验、交变高低温试验、老化试验、电气性能测试、安全性能测试。

验收试验具体内容如下：

（1）准确度试验。在实验室条件下，模拟表 4-2 规定的测量范围的状态参数（至少包括最大、最小以及介于其间的 3～5 个值），对在线监测系统（至少包括监测单元和主站单元）的测试结果与准确级更高的标准计量值进行比对，应满足表 4-2 测量参数范围及测量误差要求。

表 4-2　　　　　　　　对现场监测单元测量参数及准确度的一般要求

设备名称	监测参数	推荐测量周期	测量范围	分辨率	测量误差
变压器	H_2	24h	5～2000μL/L	5μL/L	±15%或 5μL/L，取大者
	CO		5～2000μL/L	10μL/L	±15%或 25μL/L，取大者
	CH_4		5～2000μL/L	5μL/L	±15%或 1μL/L，取大者
	C_2H_6		5～2000μL/L	5μL/L	
	C_2H_2		0.5～500μL/L	1μL/L	
	C_2H_4		2～2000μL/L	2μL/L	

1）重复性或精度：以反映多组分监测系统在短时间（如 1d）内对同一油源多次采样所得数据的差异性。

2）再现性：对于多组分监测系统，指由同一油源取的多个油样进行试验时的差异性。如在多个系统中试验，称为系统之间的再现性；如以同一系统在较长时间（如在连续的几个月中每周测试或每月测试）中数据的比较，称为该系统的再现性，即同一试验条件下对同一油样的监测结果间的偏差不应超过 10%（对于中等浓度而言）。

3）准确度：指实验室里根据标准程序所准备的油中气体样品与该系统的测量值间的差异。对于准确度，厂内检测检查时应对比于标准程序所准备的油中气体样品的差异来标定。而现场可暂以同一油样与实验室用精密色谱仪的测值间的差异作为现场校核，即以此暂作为现场准确度的校核及标定。该现场准确度的计算方法为：

[（在线监测装置测量值−精密色谱仪测试值）/精密色谱仪测试值]×100%

（2）模拟运行试验。自动运行 72h 以上，定期（或周期）采集四次以上，油泵、油路无渗漏，有谱图及数据上传，各组分保留时间与标定数据相同。

（3）现场校准。色谱分析在线监测系统应定期在现场进行系统标定，以确保监测系统所测数据的准确性。

1）校准时间的确定。监测系统连续运行 1 年以上，或连续停运 3 个月以上后再投入运行，或监测系统所测各组分数据多次与实验室离线色谱分析数据相对误差大于 50%时等情况，要求监测系统在现场进行系统校准。

2）标油浓度的确定。现场标定时，标油浓度应随现场变压器油中气体浓度而定，建议采用三种以上不同浓度标油（最大、最小、接近值）。

八、在线色谱监测装置的运行技术管理

在生产管理过程中，包括两大部分内容，一是变压器色谱分析检测无故障情况的运行管理，二是变压器色谱分析诊断存在故障情况的运行管理。

（一）正常运行监督管理

（1）定时收集上端设备的色谱数据和色谱谱图并归档；

（2）定时收集油质检测分析数据；

（3）实验室检测色谱数据（比对数据）；

（4）定时收集色谱校核数据等；

（5）对收集的实验数据进行分析比较，当油质数据异常时，发出告警提示信息；

（6）当运行的在线色谱数据与实验室检测色谱数据（比对数据）差别太大

时，发出异常告警提示音并启动进入设备色谱校核工作程序和色谱仲裁工作程序，经过校核后发现运行色谱设备异常时，及时通知运行单位进行在线色谱检修维护处理；

（7）色谱校核数据与标样差别太大、不合格时，发出异常告警提示音，通知运行单位进行检修维护处理；

（8）色谱数据与上次比较增长太大，并超过注意值时，发出异常告警提示音并启动进入超标处理程序，同时给运行单位发出告警信息，提示加强色谱监测工作和数据比对仲裁分析工作；

（9）定期对在线系统进行维护检查工作，比如检查载气瓶的压力、储油罐的液面、油路管道是否存在渗油等。

（二）异常情况处理程序

（1）当发现色谱超过注意值，并与上次采集结果相比较明显增长时，发出指示进行色谱比对和仲裁工作；

（2）缩短检测周期，分析测试频率适当地提高；

（3）按照 DL/T 722—2014 中的色谱气体含量注意值和气体增长率注意值进行分析判断；

（4）故障分析诊断方法：特征气体法、三比值法、CO_2/CO 比值法、导则法、改良电协法、专家诊断法和典型事例法等综合分析判断变压器故障种类和部位，指导检修工作；

（5）色谱数据增长太快时，发出停电检修告警提示信息；

（6）进行停电检修工作，检修后上传变压器检修报表；

（7）根据检修报表，形成变压器运行情况报表并归档。

九、变压器油中溶解气体的在线监测和实验室测试优缺点比较

（一）实验室色谱试验法的优缺点

1. 缺点

（1）从取油样到实验室分析，作业程序复杂，花费的时间比较长。

（2）时效性较差。变压器发生保护动作后，要迅速恢复运行，首要的问题是要通过油色谱分析得知变压器是否存在故障。时效性较差是最突出的问题。

（3）检测周期比较长。在国家标准中规定的检测周期通常为 3 个月，正常的周期检测往往不能及时发现变压器存在的突发性故障，对于故障的跟踪分析工作，一般可以做到 1 次/d。

（4）数据的获取不方便。这会导致运行人员无法随时掌握和监视本站变压器的运行状况，从而在变压器安全运行可靠性的预防方面存在不足。

（5）技术水平要求比较高。实验人员的理论水平和操作技能要求高，新员工的培训要求也比较高。

2. 优点

（1）在电力系统中的应用时间比较长，应用范围较广，人员的技术力量水平比较高。

（2）实验室气相色谱实验方法有专门的国家标准作为支撑，对变压器油中的溶解气体分析做了详细的规定和要求，针对色谱实验数据的处理和分析，制定了专门的故障诊断和分析判断导则。因此，在实际工作过程中，实验室气相色谱实验方法可操作性强，设备的性能比较高，受环境的影响因素小，实验数据的准确性和可靠性都比较高。

（3）一机多用，建立一台实验室气相色谱实验方法系统，可以针对用户辖区内的所有变压器进行监督检测工作，性价比最好。

（4）对监督检测对象即变压器，无任何不利影响。

（二）在线色谱监测系统的优缺点

1. 缺点

（1）一一对应关系，一台在线色谱监测系统一般只监测一台变压器。

（2）受环境因素的影响大。由于在线色谱监测系统的检测单元安装在变压器附近，因此不可避免地受到电磁环境的干扰，受到环境温度等的影响也比较大，导致了数据的准确性不理想。

（3）对变压器可能造成不利影响。由于在变压器本体上，安装油路循环系统，油路密封不好，一是造成漏油；二是可能致使空气渗入变压器，造成设备的含气量升高，危及变压器安全运行。

（4）需要对工作人员进行专门的培训工作，提高人员操作监测设备的准确性，防止误操作。

（5）设备需要专职人员进行定期的维护管理工作。

2. 优点

直接反映运行变压器油中溶解气体组分含量情况，便于工作人员及时掌握变压器的运行状况，发现和跟踪存在的潜伏性故障，并且可以及时根据专家系统对运行工况自动进行诊断，以便相关人员及时做出处理，是变压器状态检修工作中的重要在线监测设备。

每年所需的消耗性材料比较少，现场维护量也比较少，易于用户的正常运行管理。

【思考与练习】

（1）简述变压器油在线色谱设备的测量过程原理。

（2）简述变压器油在线色谱设备监测单元的结构组成。

（3）简述变压器油在线色谱监测设备的优缺点。

（4）简述变压器油在线色谱监测设备的作用。

（5）在线色谱设备的监测结果：氢气（H_2）10μL/L，甲烷（CH_4）10μL/L，乙烷（C_2H_6）5μL/L，乙烯（C_2H_4）8μL/L，乙炔（C_2H_2）1μL/L，一氧化碳（CO）25μL/L，二氧化碳（CO_2）150μL/L。

实验室同一时间定期检测结果：氢气（H_2）8μL/L，甲烷（CH_4）9μL/L，乙烷（C_2H_6）4μL/L，乙烯（C_2H_4）7μL/L，乙炔（C_2H_2）1.2μL/L，一氧化碳（CO）30μL/L，二氧化碳（CO_2）200μL/L；计算在线色谱设备的再现性 R。

第二节　几种常见在线监测装置运行及维护

本节包含绝缘油在线监测的使用及维护要求。通过了解绝缘油在线监测使用管理规定，达到正确使用绝缘油在线监测设备的目的。

绝缘油在线监测设备是大型电力变压器上使用的重要在线监测设备，尤其是对于变电站位于较偏远地方的情况，常规取样分析所需要的时间比较长，不能满足变压器故障实时监测的要求，而在线监测设备由于可实时或自动定期进行监测，一旦变压器内部存在异常情况，可及时发出告警信息，提示油务人员对该台设备进行色谱复测和故障的确认。因此，绝缘油在线监测设备实现了对变压器的有效监督和监测，确保了变压器的安全运行。

一、在线监测装置的介绍

油色谱在线监测装置按照测试组分的不同，分为单组分和多组分两类。多组分按照测试方法，分为阵列式气敏传感器法、气相色谱法、红外光谱法和光声光谱法等；按照油气分离方法，分为分离膜渗透法、顶空式取气法、真空脱气法以及其他取气方法等。在线监测装置无论采用何种检测方式，都要求在线装置能够准确、及时地发挥其应有的预警作用，便于对变压器突发故障进行监测。

二、安装在线监测装置的目的

在变压器上安装油色谱在线监测装置，可以方便地监测油中氢气（H_2）、甲烷（CH_4）、乙烷（C_2H_6）、乙烯（C_2H_4）、乙炔（C_2H_2）、一氧化碳（CO）和二氧化碳（CO_2）等组分。绝缘油在线监测设备是在线测量变压器油中的溶解气体组分含量以及水分等的有效手段，它可以按照用户的要求，自动定期地进行检测，并将检测结果通过光缆数据线或者无线发射装置等传送给用户，从而简单、及时、有效地发挥了对变压器运行情况的监督监测工作。

三、在线监测装置的性能要求、选型和验收

（一）油中溶解气体在线监测装置的性能要求

（1）装置应能在线、实时、连续地监测和显示油中单组分或全组分特征气体含量，并尽可能地提供油中微水的检测功能。

（2）要求取样方便、安全、可靠，安装简单、无渗漏。要求不对变压器油造成污染，不能将空气带入变压器油中，少消耗变压器油。

（3）油气平衡时间应尽量短，一般要求小于 24h。油气分离装置的寿命应有长周期的使用寿命。

（4）监测单元提供自检功能，并可将自检结果上传到上位机。

（5）上位机能够接收和执行来自主站的对监测单元和上位机的参数修改指令。

（6）对各组分的气体最低检测限一般要求在 $1\mu L/L$ 左右，对乙炔（C_2H_2）要求能够达到 $0.5\mu L/L$ 的最低检测限。

（7）测量单元的安装不应影响一次设备的安全运行，并可在不停电的情况下对监测装置进行安装、检修和维护。

（8）要求监测系统具备远程监测、分析功能，可通过局域网和电话线实时获取监测数据，自动进行故障诊断和异常报警。

（9）在线监测装置应在现场电磁干扰环境下具有良好的稳定性、可靠性。

（10）在线监测装置测量数据与实验室试验数据相比对，应具有可比性。

（11）在运行 2 年内数据检测精度应在技术指标规定范围内，即装置的标定周期应大于 2 年，以减轻维护压力。

（12）油样的采取能保证油品的正确性，应是循环部位的油样。

（二）油中溶解气体在线监测装置的选型要求

为了达到变压器油中溶解气体在线监测的目的，对各种商业化的变压器油中溶解气体在线监测装置的实用性要有一个综合评价体系。

（1）装置的可靠性要高。变压器油中溶解气体在线监测装置要能长期稳定运行，不允许出现误报警或漏报警，必须有足够长的定标周期和数年以上的使用寿命。

（2）监测数据的准确性可靠。在线监测装置测得的油中气体组分含量应与

同时间所取油样在实验室常规气相色谱分析的数据绝对值可比,变化趋势一致,同时数据的重复性和再现性符合要求。

（3）诊断的可信度要高。变压器油中溶解气体在线监测装置的功能是对运行中变压器缺陷的初期诊断,当监测仪出现报警时,应取油样进行色谱分析,进行综合判断,以确认故障是否存在并进一步判断故障的类型及其严重程度。

变压器油中溶解气体在线监测装置具有自动判断故障类型、性质、严重程度及发展趋势预测等功能,要求诊断的可信度至少要与离线色谱分析仪的分析准确度可比。

（4）在线监测装置要有较高的自动化程度。在线监测装置的信息处理技术不仅要求智能化程度高,而且要预留与变电站的自动化管理装置的接口,运行部门需要时可将在线监测装置与计算机联网。同时,油中溶解气体在线监测装置的诊断装置能与多台在线监测项目的检测结果构成综合智能诊断系统,科学地判断变压器的运行工况。

（5）在线监测装置的造价要低。在线监测的最终目的是保障电气设备的安全运行并提高经济效益,减少维修费用,提高供电可靠性。为了保证变压器的安全可靠运行,安装油中溶解气体在线监测装置是非常必要的,但在线装置的价格应当要尽可能低,对于一个有多台主变压器的变电站,最经济的方案是集控式即多台主变压器各安装一套前置采集单元,全站共用一台控制、诊断后台计算机中心处理装置,其费用可减少三分之一左右。

（三）到货验收

1. 开箱检查

设备到货后,检查外包装有无破损,外观检查无异常后,与供货方一起打开外包装,按照订货合同的要求,查验设备明细表等。

检查设备表面不应有机械损伤、划痕和变形等损伤现象;附件、备件齐全,规格应符合技术条件要求,包装完好;零部件紧固,键盘、按钮等控制部件应灵活,标志清楚;技术文件齐全。

2. 部件清点

设备开箱后,按照订货合同,逐一清点设备的部件数量、型号等是否符合订货的规定。

一套监测系统一般包括监控主机（油气分离系统、气体组分分离系统和检测器等）、数据处理系统和外围附件（载气钢瓶、排油桶、温控、进出油管路以及电缆线等）等。

3. 新入网设备的检验

对于新购置的在线监测装置，依据国家电网有限公司制定的在线设备技术规范等文件，进行相关的检验工作，比如测试数据的准确性、重复性等。

四、在线设备安装注意事项

变压器油色谱在线监测装置现场安装，应由生产厂家提供相关的安装图纸，并由设备运行单位（用户）确认后方可实施。安装方式、位置不应影响变压器的安全运行和维护。

（一）安装部位的选取

在线色谱监测系统应尽可能地安装在靠近主变压器附近，以便尽量缩短采油管路的长度，同时要求取样方便、安全、可靠，安装简单、无渗漏。要求不对变压器油造成污染，不能将空气带入变压器油中，尽量采用油样循环采样方式，以便减少变压器油消耗。

变压器油色谱在线监测系统的油循环回路从变压器抽取油样、脱气后随即将油样重新返回变压器，因而取油、回油的位置对于准确分析油中气体含量至关重要。总之，变压器油样从一个阀门取出后，应从另一个阀门返回变压器。而变压器上选取的进样阀应能够保证获取变压器的典型油样，一般建议从变压器取样阀取油，以便保证实验室色谱分析和在线色谱分析的油样一致。变压器上可以利用的阀门有注油阀、排空阀、辅助阀门、冷却回路阀门、取样阀等。选择取样阀和剩余的另外一个，使油形成回路。在位置确认后，要对阀门的状态进行确定，必须保证阀门能可靠地关闭和开启。

厂家按照变压器所选取的安装阀门的尺寸种类加工合适的法兰盘，要求安装在取样阀上的法兰盘留有实验室采样阀门。

（二）安装注意事项

（1）施工前请确认主变压器上的油阀门处于关闭状态；

（2）油管必须加装保护套管；

（3）铺设的时候要密封好油管口，不可以有杂质进入油管中，否则必须先清洗油管，直到油管干净为止；

（4）打开变压器上的油阀门时要缓慢，不可用力过猛。

五、在线监测装置的安装调试

（一）油路安装

（1）将变压器上油阀的法兰打开，换上在线色谱厂家提供给的法兰；

（2）将进、出油管安装在变压器侧；

（3）将油管铺设在电缆沟中，铺设到变压器油色谱在线监测系统侧；

（4）准备好空油桶，将油管的空端放入空油桶中，安排专人开变压器上的油阀门，用油将油管中的空气顶空，同时检查有无漏油；

（5）将油管中空气排空后，关掉油阀门，将油管的另一端与变压器油色谱在线监测系统侧面的进、出油端接好，在端口处用喉箍紧固油管；

（6）打开油阀门，检查有无漏油。

（二）系统初步检查

电缆、气路及油路安装完后，进行一次全面检查，油管上所有的阀均处于打开的状态，并且没有漏油现象。在电源电缆送电以前，用万用表测量一下变压器油色谱在线监测系统内箱侧面"接线端子"L、N 的回路电阻，万用表应该显示为断路。确认无问题后方可进行调试工作。

（三）载气压力检查

查看载气的低压表指针是否指示在要求的压力上，若非，请缓慢调节减压阀使低压表指针指示在要求压力处。

（四）气路系统漏气检查

采用泄漏检测剂或察看涂抹肥皂液的位置是否有气泡产生的方法确定气瓶与减压阀处的连接没有渗漏。不要使泄漏检测剂或肥皂水滴到变压器油色谱在线监测系统箱内的任何元件上，应用抹布或采用吸水材料接住水滴，将所有接头紧固而使系统无泄漏，擦干任何渗漏检测剂。

（五）电源检查

对监测系统送电，此时监测系统内部的指示灯亮，证明系统电源正常。

（六）调试过程

启动油循环泵等进行油循环调试。油循环调试的主要目的是检查系统油路有无漏油问题，系统是否能启动正常。

打开载气压力阀门，启动监测主机电源，仪器进行启机后的自检工作。

六、在线监测装置的测试控制条件设定与数据比对分析

（一）测试控制条件设定

变压器油色谱在线监测系统的油路、电缆等安装完毕后，经过安装后的调试工作，未发现异常情况，可以接通电源进行监测工作。

（1）采样周期。根据变压器的实际情况，设定合适的采样周期，例如 1 次/d、1 次/周等；遇到变压器色谱异常或变压器存在故障时，可以缩短周期为 1 次/xh 等。

（2）色谱组分的报警值数据。一般厂家的数据软件在安装时已经进行了设定，监测系统安装后，可以查验各个组分的报警值设置是否有效。

（3）色谱分析条件。设定主机箱内温度、检测器室温度、循环油流量或者次数、载气流量、载气入口压力、色谱柱箱温度等。

（4）色谱数据分析条件。比如峰高或者峰面积识别方式等，一般出厂时工作软件内已经设置完毕。

（5）异常数据的发送与告警信息的发布方式等。

（二）数据比对分析

1. 通过模拟变压器方式进行色谱数据比对法

通过向密闭的或者半密闭的容器中注油，真空脱气或者高纯氮洗脱气，制备空白油；通入一定量的标气并搅拌均匀，配制出未知浓度的"标准油样"；通过实验室色谱仪完成"标准油样"的定标工作。油样依靠自身重力注入在线色谱设备进行分析测试，得到的结果与实验室色谱仪结果进行比较分析，从而完成在线色谱设备的数据比对校准工作。

这种方法不能直接得到标准油样的数据结果，而是通过实验室色谱仪间接得到，在现场使用起来也不方便（现场使用时依靠便携式色谱进行结果定量工作），国内只在实验室中的固定场所使用。

2. 运行中变压器油中的色谱数据比对法

利用实验室色谱仪、在线色谱设备同时对运行中的变压器进行色谱检测分析工作，考察不同的仪器测量结果是否一致，从而初步判断在线色谱设备的检测结果是否准确可靠。

由于在线色谱设备本身以及现场条件等因素的影响，比如在线色谱设备的采样油路是否合理、油路是否污堵等因素，都会造成在线色谱设备的采样存在不通畅的问题，从而可能导致测量结果的偏差，会经常出现在线色谱设备检测数据不灵敏等问题。因此利用变压器油中的色谱进行数据比对法，不能确保在线色谱设备的数据准确可靠性。

3. 标气校准法

对运行中的在线色谱设备使用一组或者多组浓度的标准气体，检测在线色谱设备的数据与标准气体的差异性，从而实现在线色谱设备校准工作，这种方法与计量部门检定实验室内的色谱仪所用方法相同。

不同厂家的在线色谱设备，由于分析原理和分析过程的差异性，导致了检测结果的差别，其使用的色谱组分检测器差别不大，数据偏差主要集中在油样脱气处理方式方面。因此，仅靠标准气体对在线色谱设备进行校准工作时，只是校准了设备的检测器，而没有兼顾到设备脱气方面的整个过程，从而导致校准工作失效。

4. 标准油样比对

要确保在线色谱设备校准工作的有效性，必须通过不同的标准油样来实现。即应用专用的标准油样制备装置，制备满足现场校准需要的至少三个标准油样（高、中、低），且油样所含组分均匀分布，浓度变化范围、设备密封性能等指标应该符合 GB/T 17623《绝缘油中溶解气体组分含量气相色谱测定法》中规定的要求。

标油装置的技术优势是：

（1）设备整体密封性能良好，各组分的损失率不大于 2.5%；

（2）油罐内部能够形成一定的正/负压力，同时不出现漏油、漏气现象，同时依靠压力完成进出油工作；

（3）仪器整个操作过程实现自动控制；

（4）制备的标准油样不用实验室色谱仪进行定标工作。

标油自动制备技术的使用可以解决在线色谱设备现场校核由于缺少标准油样而比较困难或者无法开展的难题。标油自动制备技术可以在现场校准在线色谱设备测量数据的偏差，以及浓度变化时的在线色谱仪声光信号响应情况，确保了在线色谱设备的运行可信性、可靠性，保证了变压器色谱运行监督的有效性。标油自动制备技术还可以为入网设备进行质量把关工作，通过色谱数据的比对分析，保证了在线色谱设备的产品质量，避免了投资的损失。标油自动制备技术可以为在运的在线色谱设备出现异常后进行有效的检测分析，从而分析判断在线色谱设备是否存在异常。

七、在线监测设备的运行维护

（一）日常维护

（1）设备在无断电的情况下是全自动运行的，维护量很少。

（2）带有载气的设备。应定期记录监测系统内部气瓶上高压表的压力数据，比较两次的压力数据，发现压力数据变化量大时，说明系统存在气体的泄漏问题，需要检查漏点。

当气瓶上高压表的压力指示下降到厂家规定的压力及以下时，及时更换气瓶。

注意：请勿在系统采样时更换气瓶。如在系统采样运行时更换气源，会对数据造成不确定的影响，并可能产生错误报警。

（3）带有废油桶的设备。应定期检查油桶的液面高度，达到厂家规定的高度时，及时处理掉废液。

（4）循环油流速。定期检查循环油路系统的油流速度，按照厂家提供的检查方法，测试油流速度是否满足要求。

（5）组分测量结果。定期进行色谱数据的比对分析工作，发现数据重复性、再现性等异常时，及时查找原因。

（6）分离柱。各组分的分离度不能满足试验要求时，应进行活化或者更换工作。

（二）停机维护

变压器或者变压器辅助部分检修、变压器油做滤油处理或不需要系统运行时，必须停止采样分析系统，在智能控制器上通过监控软件停止系统采样，同时关闭油路上的阀门。

注意：当现场的环境温度低于−10℃时，现场的变压器油色谱在线监测系统不能断电，以便保证主机内的温度满足要求。

（三）故障维护

1．故障类型

（1）变压器油色谱在线监测装置与变压器连接有渗漏油；

（2）装置检测数据异常；

（3）数据传输故障；

（4）装置异常。

2．故障处理程序

（1）首先应按照维护手册进行检查和恢复：

1）检查通信是否正常；

2）检查装置工作是否正常；

3）检查连接电缆是否松动、脱落。

（2）取油样进行数据比对分析。

（3）对在线设备进行标准油样的校准工作。

（4）变压器油色谱在线监测装置发生不能恢复的故障时，运行单位应及时组织相关单位和厂家查明原因，进行修理，并在变压器油色谱在线监测装置记录中进行记录。

【思考与练习】

（1）如何选择变压器油色谱在线监测设备的安装部位？

（2）如何做好变压器油色谱在线监测设备日常维护工作？

（3）简述变压器油色谱在线监测设备到货后的验收工作。

附录 A 过热性故障检查与处理

当怀疑变压器存在过热故障情况时，按表 A 的内容和要求进行检查与处理。

表 A   **过热性故障检查与处理**

故障特性	故障原因	检查内容/方法	判断/措施
油色谱、温升异常	铁芯多点接地	油色谱分析	通常热点温度较高，C_2H_6、C_2H_4 增长较快
		运行中用钳形电流表测量接地电流	通常大于 100mA 就表明存在多点接地现象；运行中若大于 300mA 时，应采取加限流电阻办法进行限流至 100mA 以下，并适时安排停电处理
		绝缘电阻表及万用表测绝缘电阻	（1）若具有非金属短接特征绝缘电阻较低（如几千欧），可在变压器带油状态下采用电容放电方法进行处理，放电电压应控制在 6～10kV。 （2）若具有金属直接短接特征绝缘电阻接近为零，必要时应吊芯检查处理，并注意区别铁芯对夹件或铁芯对油箱的绝缘低下问题
	铁芯短路	油色谱分析	通常热点温度较高，C_2H_6、C_2H_4 增长较快。严重时会产生 H_2 和 C_2H_2
		1.1 倍过励磁试验	可确定主磁通回路引起的过热。若铁芯存在多点接地或短路缺陷现象，1.1 倍的过励磁会加剧它的过热，油色谱会有明显的增长，应进一步检查吊芯或进油箱
		进油箱检测、绝缘电阻表及万用表测绝缘电阻	目测铁芯表面有无过热变色、片间短路现象，或用万用表逐级检查，重点检查级间和片间有无短路现象。 （1）若有片间短路，可松开夹件，每隔 2～3 片间用干燥绝缘纸进行隔离。 （2）如存在组间短路，应尽量将其断开；若短路点无法断开，可在短路级间四角均匀短接或串电阻
	导电回路接触不良	油色谱分析	（1）观察 C_2H_6、C_2H_4 和 CH_4 增长速度快慢： 1）若 C_2H_4 增较快，属 150℃ 左右低温过热，如焊头、连接处出现接触不良，或同股短路分流引起； 2）若 C_2H_6 和 C_2H_4 增长较快，则属 300℃ 以上的高温过热，接触不良已严重，应及时检修。 （2）结合油色谱 CO_2 和 CO 的增量和比值区分是在油中还是在固体绝缘内部或附近过热,若在固体绝缘附近过热，则 CO、CO_2 增长较快
		红外测温	检查套管连接接头有否高温过热现象，如有，应停电进行处理
		改变分接位置	在运行中，可改变分接位置，检测油色谱的变化，如有变化，则可能是分接开关接触不良引起的
		油中糠醛测试	可确定是否存在固体绝缘部位局部过热。若测定的值比上次测试的值有异常变化，则表明固体绝缘内部或附近存在局部过热，加速了绝缘老化

续表

故障特性	故障原因	检查内容/方法	判断/措施
油色谱、温升异常	导电回路接触不良	直流电阻测量	若直流电阻比上次测试的值有明显的变化，则表明导电回路存在接触不良或缺陷引起过热
		吊芯或进油箱检查	重点检查： （1）分接开关触头接触面有无过热性变色和烧损情况，如有，应处理。 （2）连接和焊接部位的接触面有无过热性变色和烧损情况，如有，应处理。 （3）检查引线有否存在断股和分流现象，尤其引线穿过套管芯部时应与套管铜管内壁绝缘，引线与套管汇流时也应彼此绝缘，防止分流产生过热
	多股导线间的短路	油色谱分析	该故障特征是低温过热，油中 C_2H_4、CO、CO_2 含量增长较快
		1.1 倍过电流试验	可确定电导回路引起的过热。1.1 倍过电流会加剧它的过热，油色谱会有明显的增长，应进一步吊芯或进油箱检查
		解体检查	解开围屏，检查绕组和引线表面有无变色、过热现象，发现应及时处理
		分相低电压下的短路试验	比较短路损耗，区别故障相
	油道堵塞	油色谱分析	该故障特征是低温过热逐渐向中温至高温过热演变，且油中 CO、CO_2 含量增长较快
		1.1 倍过电流试验	1.1 倍的过电流会加剧它的过热，油色谱会有明显的增长，应进一步检查进油箱或吊芯
		净油器检查	检查净油器的滤网有无破损，硅胶有无进入器身。硅胶进入绕组内会引起油道堵塞，导致过热，如发生应及时清理
		目测	解开围屏，检查绕组和引线表面有无变色、过热现象，发现应及时处理
	导电回路分流	油色谱分析	该故障特征是高温过热，油中 C_2H_6、C_2H_4 含量增长较快，有时会产生 H_2 和 C_2H_2
		吊芯或进油箱检查	重点检查穿缆套管引线和导杆式套管同股多根并联引线间有否存在分流现象，引线与套管和引线同股间汇流时应彼此绝缘，防止分流产生过热
	悬浮电位接触不良	油色谱分析	该故障特征是伴有少量 H_2、C_2H_2 产生和总烃稳步增长趋势
		目测	逐一检查连接端子接触是否良好，并解开连接端子检查有无变色、过热现象，重点检查无励磁分接开关的操作杆 U 形拨叉有无变色和过热现象，如有，应紧固螺丝，确保短接良好

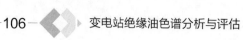

续表

故障特性	故障原因	检查内容/方法	判断/措施
油色谱、温升异常	结构件或电磁屏蔽在铁芯周围形成短路环	油色谱分析	该故障具有高温过热特征，总烃增长较快
		直流电阻测试	如直流电阻不稳定，并有较大的偏差，表明铁芯存在短路匝
		励磁试验	在较低的电压励磁下，也会持续产生总烃
		目测	解开连接端子逐一检查有无短路、变色、过热现象
	油泵滚动磨损	油泵运行检查	逐台停运循环油泵，观察油色谱的变化，若无变化，则该台油泵内部存在局部过热，可能轴承损坏，或在转子和定子之间有金属物引起摩擦，产生过热，应解体检修
		绕组直流电阻测试	三相应平衡，若有较大误差，表明已烧坏
		绕组绝缘电阻测试	对地绝缘电阻应大于 $1M\Omega$，若较低，则表明已击穿
	漏磁回路的涡流	1.1 倍过电流试验	若绕组内部或漏磁回路附近的金属结构件存在遗物或短路等现象，1.1 倍的过电流会加剧它的过热，油色谱会有明显的增长，应进一步吊芯或进箱检查
		目测	对磁、电屏蔽及金属结构件检查。一般结合吊芯或进油箱检查进行，重点检查其表面有无过热性的变色，以及绝缘状况是否良好。在较强漏磁区域（如绕组端部），应使用无磁材料，用了有磁材料，也会引起过热。另外在主磁通或漏磁回路不应短路，可进行绝缘电阻测量，检查穿芯螺杆、拉螺杆、压钉、定位钉、电屏蔽和磁屏蔽等的绝缘状况，不应存在多点接地现象
	有载开关绝缘筒渗漏	油色谱分析	属高温过热，并具有高能量放电特征
		油位变化	有载分接开关储油柜中的油位异常升高或持续冒油，或与主储油柜的油位趋于一致时，表明有载分接开关绝缘筒存在渗漏现象
		压力试验	在主储油柜上施加 $0.03 \sim 0.05MPa$ 的压力，观察分接开关储油柜的油位变化情况，如发生变化，则表明已渗漏，应予以处理

附录 B　放电性故障检查与处理

当怀疑变压器存在放电故障情况时，按表 B 的内容和要求进行检查与处理。

表 B　放电性故障检查与处理

故障特性	故障原因	检查内容/方法	判断/措施
油中 H$_2$ 或 C$_2$H$_2$ 含量异常升高	油泵内部放电	油色谱分析	（1）属高能量局部放电，这时产生的主要气体是 H$_2$ 和 C$_2$H$_2$。 （2）若伴有局部过热特征，则是高温摩擦引起
		油泵运行检查	逐台停运循环油泵，观察油色谱的变化，若无变化，则该台油泵内部存在局部放电，可能定子绕组的绝缘不良引起放电，应解体检修
		绕组绝缘电阻测试	对地绝缘电阻应大于 1MΩ，若较低则表明已击穿
		解体检查	重点检查： （1）定子绝缘状态，在铁芯、绕组表面上有无放电痕迹。 （2）轴承损坏，或在转子和定子之间有金属物引起高温摩擦，则将产生 C$_2$H$_2$
	悬浮电位放电	油色谱分析	具有低能量放电特征，这时产生的主要气体是 H$_2$ 和 C$_2$H$_4$，少量 C$_2$H$_2$
		目测	解开连接端子逐一检查绝缘电阻，并观测有无放电变色现象，重点检查无励磁分接开关的操作杆 U 形拨叉有无变色和放电现象，如有，应紧固螺丝，确保短接良好
		局部放电量测试	可结合局放定位进行局部放电量测试，以查明放电部位及可能产生的原因
	油流带电	油色谱分析	C$_2$H$_2$ 单项增高
		油中带电度测试	测量油中带电度，如超出规定值，内部可能存在油流放电带电现象，应引起高度重视
		泄漏电流或静电感应电压测量	逐台开启油泵，测量中性点的静电感应电压或泄漏电流，如长时间不稳定或稳定值超出规定值，则表明可能发生了油流带电现象，应引起高度重视
		局部放电量测试	测量局部放电量是检查内部有无放电现象的最有效手段之一，可结合局部放电定位进行，以查明放电部位及可能产生的原因。但该试验有可能会将故障点进一步扩大，应引起重视
	有载分接开关绝缘筒渗漏	油色谱分析	属高能量放电，并有局部过热特征
		油位变化	有载分接开关储油柜中的油位异常升高或持续冒油，或与主储油柜的油位趋于一致时，表明有载分接开关绝缘筒存在渗漏现象

续表

故障特性	故障原因	检查内容/方法	判断/措施
油中 H_2 或 C_2H_2 含量异常升高	有载分接开关绝缘筒渗漏	压力试验	在主储油柜上施加 $0.03\sim0.05MPa$ 的压力,观察分接开关的储油柜的油位变化情况,如发生变化,则表明已渗漏,应予以处理。或临时升高有载分接开关储油柜的油位,观察油位的下降情况
	导电回路及其分流接触不良	油色谱分析	属低能量火花放电,并有局部过热特征,这时伴随少量 C_2H_2 产生
		改变分接位置	在运行中,可改变分接位置,检测油色谱的变化,如有变化,则可能是分接开关接触不良引起的
		油中微量金属测试	测试结果若金属铜含量较大,表明电导电路存在放电现象
		吊芯或进油箱检查	重点检查分接开关触头间、引出线连接处有无放电和过热痕迹,以及穿缆套管引线和导杆式套管连接多根引线间是否存在分流现象
	不稳定的铁芯多点接地	油色谱分析	属低能量火花放电,并有局部过热特征,这时伴随少量 H_2 和 C_2H_2 产生
		运行中用钳形电流表测量接地电流	接地电流时大时小,可采取加限流电阻办法限制,并适时安排停电处理
		绝缘电阻表及万用表测绝缘电阻	(1)若具有非金属短接特征绝缘电阻较低(如几千欧),可在变压器带油状态下采用电容放电方法进行处理,放电电压应控制在 $6\sim10kV$。 (2)若具有金属直接短接特征绝缘电阻接近为零或必要时,应吊芯检查处理,并注意区别铁芯对夹件或铁芯对油箱的绝缘低下问题
	金属尖端放电	油色谱分析	具有局部放电,这时产生的主要气体是 H_2 和 CH_4
		油中微量金属测试	(1)若铁含量较高,表明铁芯或结构件放电。 (2)若铜含量较高,表明绕组或引线放电
		局部放电测试	可结合局部放电定位进行局部放电测试,以查明放电部位及可能产生的原因
		目测	重点检查铁芯和金属尖角有无放电痕迹
	气泡放电	油色谱分析	具有低能量密度局部放电,产生的主要气体是 H_2 和 CH_4
		目测和气样分析	检查气体继电器内的气体,取气样分析,如主要是氧和氮,表明是气泡放电
		油中含气量测试	如油中含气量过大,并有增长的趋势,应重点检查胶囊、油箱和油泵等有否渗漏
		窝气检查	(1)检查各放气塞有否剩余气体放出。 (2)在储油柜上进行抽真空,检查气体继电器内有否气泡通过

续表

故障特性	故障原因	检查内容/方法	判断/措施
油中 H_2 或 C_2H_2 含量异常升高	分接开关拉弧、绕组或引线绝缘击穿	油色谱分析	（1）具有高能量电弧放电特征，主要气体是 H_2 和 C_2H_2。 （2）涉及固体绝缘材料，会产生 CO 和 CO_2 气体
		绝缘电阻测试	如内部存在对地树枝状放电，绝缘电阻会有下降的可能，故检测绝缘电阻，可判断放电的程度
		局部放电量测试	可结合局部放电定位进行局部放电量测试，以查明放电部位及可能产生的原因
		油中金属铜微量测试	测试结果若铜含量较大，表明绕组或分接开关已有烧损现象
		目测	（1）观测气体继电器内的气体，并取气样进行色谱分析，这时主要气体是 H_2 和 C_2H_2。 （2）结合吊芯或进油箱内部，重点检查绝缘件表面和分接开关触头间有无放电痕迹，如有，应查明原因，并予以更换处理
	油箱磁屏蔽接触不良	油色谱分析	以 C_2H_2 为主，且通常 C_2H_4 含量比 CH_4 低
		局部放电超声波检测	与变压器负荷电流密切相关，负荷电流下降，超声波值减小
		目测	磁屏蔽松动或有放电形成的游离碳

附录 C　绕组变形故障检查与处理

当怀疑变压器存在绕组变形故障情况时，按表 C 的内容和要求进行检查与处理。

表 C　　　　　　　　　　绕组变形故障检查与处理

故障特性	故障原因	检查方法或部位	判断/措施
（1）阻抗增大； （2）频响试验变异	（1）运输中受到冲击； （2）短路电流冲击	压力释放阀	检查压力释放阀有否动作、喷油或渗漏现象，如有，则表明绕组可能有变形或松动的迹象
		听声音或测量振动信号	若在相同电压和负荷电流下，变压器的噪声或振动变大，表明该变压器的绕组可能存在变形或松动的迹象
		变比测试	若变比有变化，则表明绕组内部存在短路现象，应予以处理，甚至更换绕组
		直流电阻测试	若测试结果与其他相或历史数据比较，有变化，则表明绕组内部存在短路、断股或开路现象，应予以处理，甚至更换绕组
		绝缘电阻测试	测试结果如与历史数据比较存在明显下降，表明绕组已变形或击穿，应予以处理，甚至更换绕组
		低电压阻抗测试	测试结果与历史值、出厂值或铭牌值做比较，如有较大幅度的变化，表明绕组有变形的迹象
		频响试验	测试结果与其他相或历史数据做比较，若有明显的变化，则说明绕组有变形的迹象
		短路损耗测试	如杂散损耗比出厂值有明显增长，表明绕组有变形的迹象
		油中微量金属测试	若铜含量较高，表明绕组已有烧损现象
		内部检查	（1）外观检查：检查垫块是否整齐，有无移位、跌落现象；检查压板有否开裂、损坏现象；检查绝缘纸筒有否窜动、移位的痕迹，如有，表明绕组有松动或变形的现象，应予以紧固处理。 （2）用榔头敲打压板检查相应位置的垫块，听其声音判断垫块的紧实度。 （3）用内窥镜检查绕组内部有否变形痕迹，如变形较大，应更换绕组。 （4）检查绝缘油及各部位有无炭粒、炭化的绝缘材料碎片和金属粒子，若有，表明变压器已烧毁，应更换处理

附录 D 绝缘受潮故障检查与处理

当怀疑变压器存在绝缘受潮情况时，按表 D 的内容和要求进行检查与处理。

表 D 绝缘受潮故障检查与处理

故障特性	故障原因	检查方法或部位	判断/措施
(1)油中含水量超标； (2)绝缘电阻下降； (3)泄漏电流增大； (4)变压器本体介质损耗因数增大； (5)油耐压下降	外部进水	油色谱分析	单 H_2 增长较快
		冷却器检查	(1)逐台停运冷却器，观察油微水含量的变化，若不变化，则该台冷却器存在渗漏现象。 (2)冷却器停运时观察渗漏油现象，若停运后存在渗油现象，则表明存在进水受潮的可能
		气样色谱分析	若气体继电器内有气体，应取样分析，如含氧量和含氮量占主要成分，则表明变压器有渗漏现象
		油中含气量分析	油中含气量有增长趋势，可表明存在渗漏现象，应查明原因
		各连接部位的渗漏检查	有渗漏时应处理
		储油柜检查	检查吸湿器的硅胶和储油盒是否正常，以及胶囊或隔膜是否有水迹和破损现象，如有，应及时处理
		套管检查	应对套管尤其是穿缆式高压套管的顶部连接帽（将军帽）密封进行检查。通常高压穿缆式套管导管顶部高于储油柜中的正常油位，因而在运行中无法通过渗油发现密封状况，应重点检查。除外观检查外，还可通过正压或负压法检查密封情况，如有渗漏现象应及时更换密封胶
		安全气道检查	检查安全气道的防爆膜有无破损、开裂或密封不良现象，如有，应及时处理
		内部检查	(1)检查油箱底部水迹。若油箱底部有水迹，则说明密封有渗漏，应查明原因并予以处理。必要时应对器身进行干燥处理。 (2)检查绝缘件表面有否起泡现象。如表明绝缘已进水受潮，可进一步取绝缘纸样进行含水量测试，或做燃烧试验，若燃烧时有"噼啪"的声音，表明绝缘受潮，则应干燥处理。 (3)检查放电痕迹。若绝缘件因进水受潮引起的放电，则放电痕迹将有明显水流迹象，且局部受损严重，油中会产生的主要气体是 H_2、CH_4 和 C_2H_2。在器身干燥处理前，应对受损的绝缘部件予以更换